Dipu Sukumaran
Arathy Krisnha

Avaliação das características hidrogeoquímicas de um rio tropical

Dipu Sukumaran
Arathy Krisnha

Avaliação das características hidrogeoquímicas de um rio tropical

ScienciaScripts

Imprint

Any brand names and product names mentioned in this book are subject to trademark, brand or patent protection and are trademarks or registered trademarks of their respective holders. The use of brand names, product names, common names, trade names, product descriptions etc. even without a particular marking in this work is in no way to be construed to mean that such names may be regarded as unrestricted in respect of trademark and brand protection legislation and could thus be used by anyone.

Cover image: www.ingimage.com

This book is a translation from the original published under ISBN 978-620-7-44990-3.

Publisher:
Sciencia Scripts
is a trademark of
Dodo Books Indian Ocean Ltd. and OmniScriptum S.R.L publishing group

120 High Road, East Finchley, London, N2 9ED, United Kingdom
Str. Armeneasca 28/1, office 1, Chisinau MD-2012, Republic of Moldova, Europe
Printed at: see last page
ISBN: 978-620-7-77197-4

ÍNDICE

CAPÍTULO - 1
INTRODUÇÃO

A água é vital para a existência da vida e por isso é conhecida como o elixir da vida. A intensificação da utilização dos recursos hídricos mundiais no último século foi acelerada pelas consequências subtis e directas do crescimento demográfico a uma escala sem precedentes na história da humanidade. Estes desenvolvimentos ocorrem no meio da variabilidade natural dos tipos de solo, das redes de drenagem fluvial e do clima ao longo das bacias hidrográficas mundiais (Naiman, 1992; Naiman *et al.*, 1995; Walling e Owens, 2003; Arun, 2006). A terra e a água são dois componentes básicos que constituem a base do crescimento económico de uma região. A sua interligação manifesta-se muito bem no ambiente de uma bacia hidrográfica. De um modo geral, uma bacia hidrográfica é uma unidade ideal de superfície terrestre. Os rios são sistemas de água doce indispensáveis para a continuação da vida. São recursos de grande importância em todo o mundo. Os benefícios destes sistemas para todos os organismos vivos não podem ser demasiado enfatizados, uma vez que continuam a ser uma das necessidades humanas mais essenciais.

Os rios são os principais agentes geológicos nas regiões tropicais e subtropicais. Ano após ano, os rios transportam cerca de 37000 km^3 de água (Meybeck, 1976) e 13,5 x 109 toneladas de sedimentos (Milliman e Meade, 1983) de ambientes terrestres para os oceanos. Durante o transporte, a água e os sedimentos sofrem alterações consideráveis nas suas propriedades físico-químicas, dependendo das características do terreno e do clima da região através da qual o rio corre (Gibbs, 1977a; Lal, 1977; Subramanian, 1979; SajMet *al.*, 1992; Walling, 1999; Somayajulu *et al.*, 2002; Ankers *et al.*, 2003; Turner e Rabalais, 2004).

Os rios são provavelmente a mais dinâmica de todas as paisagens aquáticas deste planeta vivo. O curso de um rio é determinado pelos vales e montanhas que atravessa, pela sua inclinação e declive e pela estrutura do solo. Um rio nasce frequentemente como riachos de colina, desce o declive transportando areia, lodo, minerais e detritos ricos em nutrientes do biota e, à medida que o rio abranda, deixa para trás sedimentos. Se forem libertados demasiados sedimentos, o rio volta a acelerar e a sequência repete-se. Este processo de equilíbrio entre a energia, o caudal, a carga/ deposição de sedimentos e o declive funciona ao longo de todo o curso do rio até ao mar. É este processo que molda o perfil e o comportamento de um rio, formando vales, planícies aluviais férteis, zonas húmidas e deltas, e causando proibições de erosão, inundações e assoreamento. Os leitos e margens em constante mudança, juntamente com as águas subterrâneas, são parte integrante do rio.

3

1.1 RIOS DE KERALA

Os rios são uma parte importante do ciclo da água na Terra. Desempenham um papel eficiente e proeminente na escultura da topografia terrestre, transportando enormes quantidades de água da terra para o mar. A maioria das grandes cidades do mundo desenvolveu-se nas margens dos rios. As actividades antropogénicas, como as descargas de águas domésticas, industriais e outras actividades importantes, causaram grandes problemas de poluição nestes rios.

O Kerala tem uma vegetação verdejante e os principais recursos de água doce são as descargas dos rios (escoamento superficial) e os poços ou nascentes (águas subterrâneas). O Kerala tem 44 rios, dos quais 41 correm para oeste e os restantes para leste. A bacia hidrográfica dos principais rios situa-se nos Ghats Ocidentais, enquanto alguns outros rios do norte têm origem em colinas lateríticas. Os três rios que correm para leste são o Kabani, o Bhavani e o Pambar. Todos os rios que correm para leste em Kerala são afluentes do rio Kaveri. Kerala tem 11 rios com mais de 100 km de comprimento. O Muvattupuzha é o rio que atravessa a maior parte dos distritos de Kerala. Passa por 4 distritos. Em Kerala, a maioria dos rios desce para o mar Arábico. Periyar e Bharathapuzha são os dois únicos rios de Kerala com mais de 200 km de comprimento. Os rios que têm um comprimento inferior a 20 km em Kerala são o rio Ariyur (17 km), o rio Ramapuram (19 km) e o rio Manjeshwaram (16 km). A precipitação média no Estado é de cerca de 3000 mm. As principais utilizações da água dos rios no Estado são para fins domésticos, agrícolas e industriais e para a produção de energia hidroelétrica. Embora a distribuição da precipitação ao longo do ano, combinada com a profundidade do solo e a elevada densidade de biomassa, tenha contribuído para o caudal perene dos rios de Kerala, o aumento da intervenção humana e as flutuações da precipitação ao longo dos anos resultaram na escassez de água e em situações de seca.

1.2 O RIO COMO FONTE DE ÁGUA DOCE

A água doce na superfície terrestre é uma parte vital do ciclo da água para a vida humana quotidiana. Na paisagem, a água doce é armazenada em rios, lagos, reservatórios e riachos e ribeiros. A quantidade de água nos rios e lagos está sempre a mudar devido a entradas e saídas. Os afluxos a estas massas de água provêm da precipitação, do escoamento superficial, da infiltração de águas subterrâneas e dos afluentes. Os escoamentos dos lagos e rios incluem a evaporação, o movimento da água para as águas subterrâneas e as retiradas efectuadas pelas pessoas. A água dos rios é uma fonte de água superficial e faz parte do ciclo da água. A água dos rios é uma fonte de água superficial e faz parte do ciclo da água. Pode ser utilizada para uso doméstico, irrigação, processamento em indústrias ou para a produção de energia. A água potável tem de ser manuseada e produzida com mais cuidado do que a água de irrigação, porque pode conter substâncias que põem em perigo a saúde humana. Os rios estão sob pressão das actividades antropogénicas. Os rios de Kerala têm vindo a sofrer alterações nas últimas décadas devido à descarga descontrolada de contaminantes de fontes pontuais e não pontuais e a outras intervenções humanas. Os regimes de caudal da maioria destes rios são regulados de forma acentuada através da construção de barragens, diques e diques.

A descarga de efluentes domésticos e industriais e outras actividades humanas nas bacias hidrográficas e a extração de areia das planícies aluviais, bem como dos canais fluviais, submeteram os sistemas fluviais a uma forte pressão ambiental, tornando o sistema instável. Existem 250 indústrias de grande e média escala e cerca de 2000 indústrias de pequena escala. A maioria destas indústrias extrai água dos rios e descarrega os efluentes nos mesmos sem qualquer tratamento científico. De acordo com o Conselho Estatal de Controlo da Poluição, a água nos troços inferiores de vários rios está poluída para além do limite potável. A escassez de água em muitas partes pode ser atribuída ao elevado escoamento das águas pluviais e à perda de cobertura florestal nas bacias hidrográficas superiores e, mais diretamente, à extração de areia e à recuperação de zonas húmidas e arrozais. A reconversão das bacias hidrográficas, incluindo a desflorestação em grande escala e as culturas de plantação, alterou o regime hidrológico e aumentou o movimento de sedimentos, reduzindo o rendimento da água na bacia hidrográfica e afectando a recarga das águas subterrâneas e o caudal estival dos rios, tendo alguns dos rios e riachos perenes passado a ser sazonais nas últimas décadas.

1.3 GEOLOGIA DE KERALA

A região de Kerala é um segmento importante do terreno granulítico pré-cambriano do Sul da Índia, onde se encontram as principais unidades da crosta continental arqueana, tais como granulitos, gnaisses e pedras verdes. Geologicamente, o Estado de Kerala é ocupado por cristalinos pré-câmbricos, intrusões ácidas a ultrabásicas de idade arqueana a proterozóica, rochas sedimentares do Terciário (Mio-Plioceno) e sedimentos quaternários de origem fluvial e marinha. A região de Kerala faz parte do Terreno Granulítico do Sul da Índia (SIGT). A parte meridional do Estado, a sul da zona de cisalhamento de Achankovil, expõe um conjunto de rochas metassedimentares e meta-génicas migmatizadas. Do norte da zona de cisalhamento de Achankovil até ao flanco sul do Palghat Gap, as rochas são predominantemente charnockites, granulites e xistos. Os gneisses intrudidos por plutões ácidos e alcalinos constituem as partes mais setentrionais do Estado.

Os tipos de rocha da região de Kerala são principalmente classificados em três:

1. Rochas pré-cambrianas

2. As formações do Terciário

3. As formações quaternárias

Várias determinações radiométricas da idade de rochas da região de Kerala ajudaram a classificar as rochas em grandes grupos etários. As rochas mais antigas, até agora datadas em Kerala, são as Charnockites, que produziram uma idade U-Pb Zircon de 2950Ma. Esta é também a unidade rochosa mais difundida no Estado. As charnockites e os gneisses associados ocupam a maior parte dos Ghats Ocidentais e das regiões do interior do Estado. A maior mancha de rochas do grupo Khondalite encontra-se a sul do cisalhamento de Achancovil, no sul de Kerala. Estas unidades rochosas ocorrem como uma faixa linear, encravada entre maciços de charnockite de ambos os lados e têm idades registadas de cerca de 2100-2830Ma, embora exista um modelo de idade de toda a rocha de 3070Ma (Soman, 2002).

1.4 IMPORTÂNCIA DA SEDIMENTOLOGIA

Os rios são um dos agentes geológicos mais importantes. Constituem a ligação entre a terra e o mar. Através da desnudação, os sedimentos são gerados e transportados através do sistema fluvial e são depositados em diferentes condições ambientais energéticas. Os sedimentos fluviais têm origem nas rochas ígneas, vulcânicas e sedimentares expostas à superfície. Algumas destas são facilmente erodidas, enquanto outras, especialmente as rochas cristalinas e metamórficas, são alteradas e transportadas pelos cursos de água. Fontes adicionais de sedimentos fluviais são os solos que herdaram o seu conteúdo mineral (com alguma alteração) da rocha-mãe ou que, nos trópicos, podem consistir completamente em minerais recém-formados (Irion, 1987). O tamanho do grão é a propriedade física mais básica dos depósitos sedimentares (McManus, 1988; Poppe *et al.*, 2000). Os estudos de granulometria fornecem pistas importantes sobre a proveniência dos sedimentos, a história do transporte e as condições de deposição (Folk e Ward, 1957; Friedman, 1979; Bui *et al.* 1990, Ganesh *et al.* 2012). Assim, o conhecimento do tamanho dos sedimentos e dos parâmetros texturais é uma das melhores ferramentas para diferenciar vários ambientes de deposição de sedimentos recentes e antigos (Mason e Folk, 1958; Friedman, 1961; Nordstorn, 1977, Kumar *et al.*, 2010). Diferentes agentes, como o vento e a água, separam normalmente as partículas pelo seu tamanho (Friedman e Sanders, 1978). A textura dos sedimentos tem também uma relação estreita com a topografia, o padrão das ondas e das correntes e as condições de deposição (Rao *et al.*, 1997; Singh *et al.*, 1998). Os rios de todo o mundo transportam cerca de 15-16 × 109 toneladas de sedimentos por ano para os oceanos (Milliman e Meade, 1983; Walling e Webb, 1983). Subramanian *et al.* (1987) referiram que os rios indianos transportam cerca de 1,2 × 109 toneladas de sedimentos por ano.

1.5 OBJECTIVOS

• Determinar a qualidade da água e a concentração de metais pesados em amostras de água do rio Vamanapuram.

• Estudar a textura dos sedimentos e a concentração de metais pesados nos sedimentos do núcleo do rio Vamanapuram.

1.6 IMPORTÂNCIA DO ESTUDO

O rio está a ser poluído pela eliminação indiscriminada de esgotos, resíduos industriais e uma infinidade de actividades humanas, o que afecta as suas características físico-químicas e a sua qualidade microbiológica. A qualidade da água é geralmente descrita de acordo com as suas características físicas, químicas e biológicas. A rápida industrialização e o uso indiscriminado de fertilizantes químicos e pesticidas na agricultura estão a causar uma poluição pesada e variada no ambiente aquático, levando à deterioração da qualidade da água e à depleção do biota aquático. Devido à utilização de água contaminada, a população humana sofre de doenças transmitidas pela água. Por conseguinte, é necessário controlar a qualidade da água a intervalos regulares. Devido à constatação dos riscos potenciais para a saúde que podem resultar de água potável contaminada, a contaminação da água potável de qualquer fonte é, portanto, de importância primordial devido ao perigo e risco de doenças transmitidas pela água. O estudo dos sedimentos depositados ao longo do curso do rio dá implicações directas sobre o modo de transporte, as condições de energia durante o transporte e os ambientes de deposição. As características texturais dos sedimentos de todos os ambientes têm as suas próprias assinaturas impressas sobre as diferentes fases das actividades de desnudação. A análise granulométrica é um dos parâmetros mais utilizados neste domínio.

CAPÍTULO - II
ÁREA DE ESTUDO

O rio Vamanapuram nasce em Chemmungi mottai, nos Ghats Ocidentais, a uma altura de cerca de 1717 m acima do nível médio das águas do mar. O rio, com um caudal de 88 km, drena uma área total de 767 km2 numa bacia alongada delimitada entre as latitudes norte 80 35' 33" e 80 49' 30" e as longitudes leste 760 43' 15" e 770 12' 34" (Fig. 2.1). A caraterística da bacia hidrográfica é a geomorfologia distinta desenvolvida sobre as rochas pré-cambrianas que foram sujeitas a deformação polifásica e metamorfismo (Drury *et al.*, 1984). As características geomorfológicas distintas presentes na área variam entre colinas estruturais elevadas e desnudadas, colinas e montes residuais, preenchimentos de vales, planícies aluviais e, finalmente, a faixa costeira. A bacia hidrográfica é caracterizada por um clima tropical húmido e duas monções, nomeadamente a do sudoeste e a do nordeste, que contribuem em conjunto para uma precipitação média anual superior a 2 800 mm.

O rio cai em cascata sobre uma queda de 13 metros conhecida como a cascata Meenmutti. Depois de percorrer uma distância de 7 km, Kalaiparai Ar junta-se e, mais a jusante, outros dois afluentes, Pennivadi Ar e Ponmudi Ar, juntam-se à corrente principal perto de Kallar. Quando o rio entra em Anapara, o principal afluente, Chittar, junta-se ao rio e, quando chega a Vamanpuram, serpenteia e Kilimannor Ar junta-se mais a jusante. Finalmente, o rio desagua no estuário de Akathumuri-Anchuthengu, perto do distrito de Chirayinkil (Fig. 2.2). O rio corre através de terras altas e médias e terras baixas que cobrem 34 panchayats. A bacia do rio é delimitada por Nedumangad Taluk do distrito de Thiruvananthapuram a Sul, Kottarakkara Taluk dos distritos de Kollam a Norte, Tamil Nadu a Leste e o mar de Lakshadweep a Oeste.

Figura: 2.1 - Rio Vamanapuram

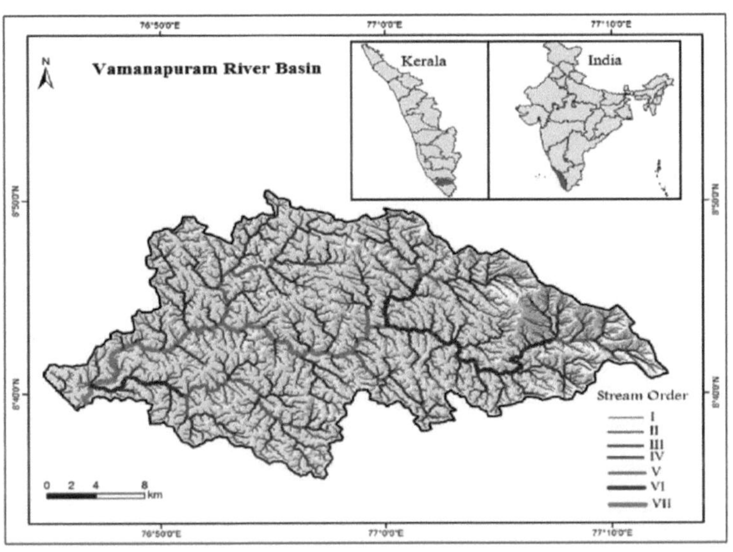

Fig:2.2- Mapas da bacia hidrográfica do rio Vamanapuram

2.1 GEOLOGIA DA ZONA DE ESTUDO

Geologicamente, a área de estudo encontra-se sob um escudo metamórfico pré-cambriano do Terreno Granulítico do Sul da Índia. Os principais tipos de rocha observados na área de estudo são o biotite gnaisse granítico (GBG), a charnockite e a khondalite. Nalgumas áreas ocorrem também gnaisses quartzo-feldspáticos. A laterite constitui uma unidade litológica importante na área de estudo. As características do solo da bacia variam em função da geologia e da altitude. A região entre as grandes altitudes e as terras médias é coberta por solos lateríticos (a argila florestal está também presente nas zonas mais elevadas), enquanto as zonas baixas são preenchidas por aluviões.

O biotite gnaisse granítico é uma rocha de grão médio a grosseiro, com bandas de cor clara. As faixas devem-se à presença de minerais de cor clara e escura. Os minerais de cor clara são o quartzo e o feldspato e os minerais de cor escura são a granada e a biotite. Os principais minerais do biotite gnaisse garnetifero são o quartzo, o feldspato, a granada e a biotite. A charnockite é uma rocha cinzenta a preto-esverdeada, de grão médio e textura equigranular. A rocha é maciça e extremamente dura. Contém quartzo, hipersténios, granada, feldspato e biotite. O gnaisse de granada-sillimanite, contendo quantidades variáveis de grafite e algum quartzo e ortoclásio, é designado por Khondalite. Nos Khondalites, a sillimanite ocorre como agulhas semelhantes a cabelos, assim como cristais quebrados; a grafite forma ninhos ou bolsas e a calcite e a biotite estão geralmente presentes. A laterite é um produto de meteorização das rochas, amplamente desenvolvido em regiões semi-húmidas e inter-tropicais húmidas. É rica em óxidos secundários de ferro, alumínio ou ambos, com ou sem quartzo e argilas, mas desprovida de silicatos primários. É porosa e apresenta uma estrutura vermicular. Importantes depósitos de bauxita, níquel, manganês, minérios de ferro e argila da China estão associados à laterita.

2.3 PORMENORES DOS LOCAIS DE AMOSTRAGEM

As amostras foram recolhidas em 10 locais ao longo do rio. Assim, foi recolhido um total de 10 amostras de água e de sedimentos para análise pormenorizada. Os pormenores sobre os pontos e locais de amostragem são apresentados no quadro 2.1. e alguns dos locais de amostragem estão representados na Fig. 2.3.

Tabela:2.1 - Detalhes dos pontos de amostragem

CÓDIGO DE AMOSTRA	LATITUDE	LONGITUDE
VM01	N08° 42'35.4"	E077° 08'5.7"
VM02	N08° 41'32.5"	E077° 06'11.1"
VM03	N08° 41' 35"	E077° 3' 57.7"
VM04	N08° 43' 13.9"	E077° 01' 55.4"
VM05	N08° 42'48.9"	E076°59'13.2"
VM06	N08° 42'02.4"	E076° 58' 32.2"
VM07	N08° 42'7.9"	E076° 56' 5.1"
VM08	N08° 43'25.3"	E076° 52' 59"
VM09	N08° 42' 16.7"	E076° 49' 55.5"
VM10	N08° 38' 8.9"	E076° 47' 22.5"

Chellanji Vellumannadi

Anchuthengu   Peringamala

Manali   Kallar

Figura: 2.3 - Locais de amostragem

Capítulo - III

REVISÃO DA LITERATURA

Os investigadores de ambientes fluviais privilegiam os controlos climáticos ou tectónicos nas alterações que decifram. É também evidente que estes controlos afectam as configurações estruturais e a geologia da área e, por sua vez, o sistema hidrogeológico. Para compreender estes sistemas, uma vasta gama de literatura disponível em áreas temáticas como os processos sedimentológicos, as águas subterrâneas, a hidrogeologia, a qualidade da água, etc., foi intensamente consultada para este estudo e é descrita a seguir.

Na Índia, os problemas de qualidade da água dos rios intensificaram-se nas últimas décadas e a situação tornou-se atualmente alarmante. Estudos sobre os ecossistemas fluviais indicam que os principais rios indianos estão gravemente poluídos, especialmente junto às cidades (Srivastava, 1992). Os rios estão a ser poluídos pela eliminação indiscriminada de esgotos, resíduos industriais e uma infinidade de actividades humanas, o que afecta as suas características físico-químicas e a sua qualidade microbiológica (Koshy e Nayar, 1999). As bacias de drenagem constituem a unidade natural para o planeamento físico, industrial e social (Narasimha Prasad *et al.*, 2007, Arun *et al.*, 2013). Os primeiros investigadores que reconheceram a caraterística unitária óbvia das bacias de drenagem, tanto em termos de geometria como de processo, incluem Playfair (1802) e Chorley *et al.* (1964). O balanço global entre a carga dissolvida e a carga sedimentar transportada para os oceanos foi calculado por Holeman (1968), Meybeck (1976), Martin e Meybeck (1979) e Milliman e Meade (1983). Gibbs (1970), no seu estudo clássico, discutiu os mecanismos que controlam a química da água dos rios do mundo. Também foram efectuadas muitas investigações sobre os aspectos físico-químicos. Alguns dos estudos mais notáveis são os de Ganapathi (1956, 1964) nos rios Thambaraparani e Godavari; Deshmukh *et al.* (1964) no rio Kanhan; David e Ray (1966) no rio Daha; George *et al.* (1966) no rio Kali; Venkateswarlu e Jayanti (1968) no rio Sabarmati; Venkateswarlu (1969) no rio Moosi; Ray *et al.* (1966) e Saxena *et al.* (1966), Agarwal *et al.* (1976), Bhargave (1985), Bilgrani e Duttamunshi (1985), no rio Ganga; Sreenivasan *et al.* (1979) e Somasekhar (1985) no rio Cauvery; Badola e Singh (1981) e Nautiyal *et al.* (1986) no rio Alakananda; Raina *et al.* (1984) no rio Jhelum; Reddy (1984) no rio Tungabhdra; Zingde *et al.* (1985, 1986) nos rios Aurarig e Ambika; Konnur *et al.* (1986) no rio Coum; Chacko e Ganapathy (1949) no rio Adyar; Chacko *et al.* (1953) no rio Malampuzha; Sankaranarayanan *et al.* (1986) e Maya (2005) no rio Periyar; Harilal *et al.* (2004) em Karamana e Neyyar; Babu *et al.* (2003) em Bharathapuzha; Babu e Sreebha

(2004) em rios que drenam para o lago Vembanad; Singh *et al.* (2005) no rio Gomati e Aji (2006) no rio Pamba; Arun (2006) nas bacias hidrográficas dos reservatórios de Aruvikkara e Peppara.

Os estudos sobre a qualidade da água do rio Muvattupuzha foram efectuados por Balchand (1983). Nair *et al.* (1990) opinaram que ocorreram alterações consideráveis na qualidade da água deste rio após o estabelecimento da Hindustan Paper Limited, localizada perto de Velloor. Para além das investigações físico-químicas de rotina, existem também muitos estudos sobre a avaliação da carga poluente dos rios indianos. Destes, destacam-se os trabalhos de Montwan *et al.* (1956) no rio Sone; David e Ray (1966), Bhaskaran (1970) no rio Ganga; Venkateswarlu e Sampathkumar (1982) no rio Moosi; Mahadevan e Krishnaswami (1983) no rio Vaigai; Raina *et al.* (1984) no rio Jhelum; Agarwal (1986) no rio Chambal e Reddy e Venkateswarlu (1987) no rio Amaravati e merecem especial atenção. A importância de escolher a bacia hidrográfica como unidade específica para estudos de gestão ambiental é analisada por Chattopadhyay e Carpenter (1990).

A avaliação do índice de qualidade da água e o estudo do impacto da poluição nos rios de Kerala são efectuados por Jyothi S.N. e Gevargis Muramthookil Thomas (2021). Verificou-se que a maioria dos rios na parte central de Kerala, como os rios Periyar e Muvattupuzha, são de má qualidade da água, enquanto a maioria dos rios na parte sul de Kerala são de boa qualidade da água. Alguns dos rios na parte norte de Kerala, como os rios Kadalundi, têm boa qualidade da água, enquanto rios como Chaliyar têm uma qualidade de água inferior. É também apresentada a comparação de dois modelos de cálculo do índice de qualidade da água. A relação entre o padrão de utilização dos solos e a qualidade da água na bacia do rio Chalakudy em Kerala (Chattopadhyay, 2005) é estudada e baseia-se numa análise de 27 amostras de água distribuídas por cinco tipos de utilização dos solos e monitorizadas durante quatro estações. As amostras de água utilizadas em zonas urbanas revelaram uma má qualidade da água durante todo o ano. A análise de correlação de vários parâmetros indicou sazonalidade nas características físico-químicas da água do rio, que estava ligada a flutuações da descarga de drenagem e a mudanças no padrão de utilização do solo.

Sukanya S e Sabu Joseph (2020) efectuaram estudos sobre a avaliação da qualidade da água utilizando índices ambientais e de poluição no rio Karamana, em Kerala, na costa sudoeste da Índia. Verificou-se que os efluentes de esgotos e a intrusão de água do mar eram os principais factores de deterioração da qualidade da água a jusante. Além disso, os resultados das análises da qualidade da água e dos índices de poluição, nomeadamente o índice de poluição orgânica (OPI), o índice de eutrofização (EI) e o índice de poluição global (CPI), indicam que o curso inferior (L= ~4 km) do KR está seriamente poluído. Foi delineada uma zona distinta de influência da poluição (ZPI) com base nos índices e esta tentativa é a primeira do género no KR. Utilizando macroinvertebrados como marcadores biológicos, Harikumar PSP e R Deepak efectuaram uma avaliação da qualidade da água da bacia do rio Valapattanam em Kerala, Índia, em 2014. As estações a jusante revelaram uma poluição moderada durante as estações pré e pós-monção e uma ligeira melhoria durante a monção. A qualidade da água do rio Valapattanam foi deteriorada por efluentes de esgotos e actividades agrícolas, diminuindo a abundância de insectos aquáticos e macro-invertebrados.

Os sedimentos fluviais têm origem nas rochas ígneas, vulcânicas e sedimentares expostas à superfície. Algumas destas são facilmente erodidas, enquanto outras, especialmente as rochas cristalinas e metamórficas, são alteradas e transportadas pelos cursos de água. Fontes adicionais de sedimentos fluviais são os solos que herdaram o seu conteúdo mineral (com alguma alteração) da rocha-mãe ou que, nos trópicos, podem consistir completamente em minerais recém-formados (Irion, 1987). A compreensão das características texturais dos sedimentos é relevante em estudos sedimentológicos e tem recebido uma atenção valiosa nos últimos anos. Uma das propriedades naturais mais importantes dos sedimentos e parâmetro regularmente utilizado para sedimentos é a análise do tamanho do grão (Riyaz Ahmad Mir e Jeelani, 2015). A propriedade natural mais fundamental dos sedimentos que afecta o seu transporte, arrastamento e deposição é a distribuição do tamanho do grão. Os estudos sobre o tamanho dos grãos nos sedimentos fluviais fornecerão informações substanciais sobre as propriedades intrínsecas dos sedimentos. As propriedades físicas fundamentais que controlam a hidráulica e a morfologia do canal do curso de água serão exibidas pelos sedimentos (Di Stefano e Ferro, 2002; Surian, 2002).

Os estudos sistemáticos sobre a análise granulométrica de sedimentos fluviais são capazes de fornecer uma visão geral das histórias de transporte, bem como das condições de deposição (Blott, 2001; Mychielska-Dowgiallo, 2011). A taxa de alteração do tamanho dos sedimentos está intimamente relacionada com as alterações no transporte de sedimentos e com a resistência do fluxo na direção de jusante (Surian, 2002). O processo de afinamento em direção a jusante é afetado pelas fracções de tamanho mais finas e mais grosseiras. Geralmente, os sedimentos mais finos são encontrados num regime de baixa energia e os sedimentos mais grossos são obstruídos num ambiente de alta energia (Bhattacharya *et al.*,

2016). Os mais efectivos removedores de poluentes químicos são os sedimentos que são enriquecidos devido ao transporte de partículas de silte e argila, bem como ao processo de erosão (Rhoton *et al.*, 2011).Os estudos de Griffiths (1967), Allen (1970) e Hakanson e Jansson (1983) revelaram que os sedimentos mais bem seleccionados são geralmente aqueles com tamanho médio no grau de areia fina. Assim, o conhecimento do tamanho dos sedimentos e dos parâmetros texturais é uma das melhores ferramentas para diferenciar vários ambientes deposicionais de sedimentos recentes e antigos (Mason e Folk, 1958; Friedman, 1961; Nordstorn, 1977, Kumar *et al.* 2010). Diferentes agentes, como o vento e a água, separam normalmente as partículas pelo seu tamanho (Friedman e Sanders, 1978).

O transporte físico de sedimentos, que inclui a deposição e a aglutinação de sedimentos, o aprisionamento pelas marés e a circulação gravitacional, controlará a distribuição da granulometria (Wai *et al.*, 2004). A resistência do fluxo será influenciada pela granulometria do sedimento, alterando as características hidráulicas perto do leito do canal (Jain *et al.*, 2010). A distribuição da granulometria nos sedimentos é considerada como as subpopulações normais que representam o transporte de sedimentos pelo processo de saltação, rolamento e suspensão (Inaman, 1952). Os atributos texturais dos sedimentos são fortemente afectados por factores consideráveis, incluindo a composição na área de origem das terras adjacentes, a extensão, o clima e a energia que transportam os sedimentos e também as condições redox perto do ambiente de deposição (Fralick e Kronberg, 1997). O silte arenoso e o grão grosseiro são os dois tipos de textura que segregam os sedimentos fluviais (Ramachandran, 2002). Os atributos texturais dos sedimentos, incluindo a média (Mz), o desvio padrão ($\sigma1$), a assimetria (SK1) e a curtose (KG), são amplamente utilizados na reconstrução do ambiente de deposição dos sedimentos e das rochas sedimentares (Komar 1998; Poppe e Elison, 2007).

O mecanismo de deposição/processos de transporte e os parâmetros de tamanho dos sedimentos têm uma correlação entre si. A textura dos sedimentos tem também uma relação estreita com a topografia, o padrão de ondas e correntes e as condições de deposição (Rao *et al.*, 1997; Singh *et al.*, 1998). Vários estudos em muitos ambientes sedimentares antigos e modernos estabeleceram estas relações (Itam *et al.*, 2018; Chinna Durai *et al.*, 2017; Temitope, 2016; Ganesh *et al.*, 2013; Babu *et al.*, 2007; Angusamy e Rajamanickam 2006). O paleoclima também pode ser interpretado a partir da análise do tamanho dos grãos nos sedimentos (Beal *et al.*, 1956). Ao longo dos anos, vários sedimentologistas fizeram muitas tentativas para diferenciar os sedimentos de vários ambientes, tais como fluvial, fluviário, estuarino e outros ambientes costeiros (Karuna Karudu *et al.*, 2018; Mohtar *et al.*, 2017;

Bhattacharya *et al.*, 2016; Manivel *et al.*, 2016, Ramesh *et al.*, 2015; Karuna Karudu e Jagannadha Rao, 2013).

Os atributos texturais dos sedimentos de diferentes ambientes no cenário indiano foram tentados por muitos investigadores como Sahu, (1964), Rajamanickam e Gujar (1985), Samsuddin (1986), Seralathan (1988), Jahan *et al.* (1990) Padmalal (1992), Badarudeen (1997) Srinivas (2002), Krishnakumar (2002), Maya (2005), Arun (2006), Ambili (2010) e Sreeja *et al* (2014). As características texturais dos sedimentos fluviais e estuarinos da bacia do rio Nethravathy foram estudadas por Narayana (1991). Rajamanickam (1983) e Rajamanickam e Gujar (1985) investigaram a distribuição granulométrica dos sedimentos superficiais da costa ocidental da Índia. Seetharamaiah e Swamy (1994) estudaram as características texturais dos sedimentos da plataforma interna do rio Pennar, na costa leste da Índia. Seralathan e Padmalal (1994) efectuaram estudos texturalistas pormenorizados do rio Muvattupuzha e do estuário de Vembanad. Samsuddin (1990) investigou os atributos granulométricos dos sedimentos da praia, da planície de cordão e da plataforma interna da costa norte de Kerala. Maya (2005) efectuou uma investigação pormenorizada sobre as características granulométricas de dois grandes rios do centro de Kerala, nomeadamente Chalackudy e Periyar. Arun (2006) e Sreeja *et al.* (2014) efectuaram investigações pormenorizadas sobre o padrão de sedimentação das bacias hidrográficas das albufeiras de Aruvikkara e Peppara. Ambili (2010) investigou as assinaturas granulométricas na evolução da bacia do rio Chaliyar.

CAPÍTULO - IV
MATERIAIS E MÉTODOS

4.1 Recolha e pré-processamento das amostras

O equipamento de amostragem e os contentores de amostras foram cuidadosamente limpos antes da recolha das amostras. No total, foram recolhidas 10 amostras de água e 10 amostras de sedimentos ao longo de todo o comprimento do rio, de Kallar a Anchuthengu. Antes da recolha das amostras de água, os recipientes foram lavados duas ou três vezes com as amostras a recolher antes de serem enchidos. Para a análise físico-química da amostra de água, foi recolhido 1 litro de água em recipientes de plástico (Fig. 4.1). Foram recolhidos 250 ml de água em pequenas garrafas de plástico e conservados com Con. $H_2 SO_4$ para determinar a carência química de oxigénio. Para a determinação do Oxigénio Dissolvido e da Carência Biológica de Oxigénio, as amostras de água foram recolhidas em garrafas de CBO de 300 ml e conservadas com reagentes de Winkler.

Figura:4.1 - Recolha de amostras de água

Os contentores de amostras foram rotulados com informações adequadas sobre o código da amostra, a data e a hora da amostragem. Os pormenores sobre os locais de amostragem e as características específicas das amostras também foram anotados durante a amostragem. As amostras recolhidas foram transportadas para o laboratório em sacos de gelo e armazenadas sob refrigeração a 4°C até à análise posterior. Parâmetros como o pH, a condutividade eléctrica, os sólidos totais dissolvidos (TDS) e a salinidade foram medidos in situ (Fig. 4.2). As amostras de água foram analisadas de acordo com o procedimento padrão da APHA. A análise bacteriana, na qual se verificou a presença de coliformes, coliformes fecais e E. coli nas amostras de água, foi efectuada de acordo com o procedimento descrito na APHA.

18

Figura:4.2 - Análise Multiparâmetro

Os sedimentos do núcleo foram recolhidos com a ajuda de um amostrador de núcleo, empurrando suavemente os sedimentos. As amostras foram recolhidas em sacos de polietileno limpos e secos, etiquetadas e preservadas para análise laboratorial. A localização exacta das amostras foi anotada com a ajuda de um recetor de Sistema de Posicionamento Global (GPS). Cada amostra foi submetida a coning e quartering. Foram pesadas com uma máquina de pesagem de alta precisão e assegurou-se que todas tinham o mesmo peso. Todas as amostras foram lavadas em água 2-3 vezes para remover o conteúdo de sedimentos. Após a lavagem com água, as amostras foram tratadas com peróxido de hidrogénio (16%), para remover a matéria orgânica. As amostras foram novamente tratadas com ácido clorídrico (20%) para remover o teor de carbonato. As amostras foram secas em estufa a temperatura amena durante 2 dias. Estas amostras de sedimentos foram submetidas a uma análise granulométrica utilizando métodos de peneiração a seco.

Figura:4.3 - Recolha de sedimentos do núcleo

4.2 Análise da qualidade da água

A análise físico-química das amostras de água do rio foi efectuada de acordo com o procedimento normalizado indicado pela APHA (2017).

4.2.1. pH

O pH é uma escala numérica utilizada para especificar a acidez ou a basicidade de uma solução aquosa. É aproximadamente o logaritmo negativo da concentração molar, medida em unidades de moles por litro de iões de hidrogénio. Mais precisamente, é o logaritmo negativo, na base 10, da acidez dos iões de hidrogénio. As soluções com pH inferior a 7 são ácidas e as soluções com pH superior a 7 são básicas. A água pura é neutra a pH 7, não sendo nem ácida nem básica.

$pH = -\log [H]^+$

O pH das amostras é medido utilizando o instrumento modelo PC2700 da Eutech Instruments para análise multiparâmetro. O instrumento foi calibrado para a medição do pH utilizando tampões de pH 4,0, 7,0 e 9,2. Após a medição, o instrumento foi objeto de uma verificação cruzada com soluções-tampão.

4.2.2. Condutividade eléctrica

A condutividade eléctrica é uma medida da atividade iónica de uma solução em termos da sua capacidade de transmitir corrente. A condutividade eléctrica é uma medida da capacidade da água para transmitir corrente eléctrica. A condutividade eléctrica da água é diretamente proporcional ao seu teor de matéria mineral dissolvida. Vários factores influenciam a condutividade - entre eles, a temperatura, as "motilidades iónicas" e os valores iónicos. É a concentração global de iões presentes na água que mais influencia a condutividade. A condutividade torna-se um indicador dos iões dissolvidos presentes em qualquer amostra de água. A condutividade foi medida utilizando o instrumento modelo PC2700 da Eutech Instruments para análise multiparâmetro após a calibração utilizando uma solução de condutividade padrão (0,01M KCl, condutividade = 1413μS/cm).

4.2.3. Sólidos totais dissolvidos

O total de sólidos dissolvidos é uma medida de todas as substâncias inorgânicas e orgânicas contidas num líquido. Os sais inorgânicos comuns que podem ser encontrados na água incluem o cálcio, o magnésio, o potássio e o sódio, que são todos catiões, e os carbonatos, nitratos, bicarbonatos e cloreto são aniões. O TDS foi medido utilizando o instrumento modelo PC2700 da Eutech Instruments para análise multiparâmetro. A calibração para a medição da condutividade utilizando uma solução de KCl 0,01 M é a mesma para a medição de TDS no instrumento, uma vez que o TDS é uma medida do total de iões em solução.

A quantidade de sólidos dissolvidos presentes na água é um fator que determina a sua adequação para uso doméstico. Em geral, a água com um teor de sólidos totais inferior a 500 mg/l é o limite mais desejável estabelecido pelo BIS. O limite foi estabelecido principalmente com base nos limiares de sabor. As normas internacionais da OMS de 1958 fixam o nível admissível de sólidos dissolvidos em 500 mg/l e o limite excessivo em 1500 mg/l. De facto, em muitas partes do mundo, utiliza-se água com concentrações de sólidos dissolvidos que variam entre 2000 e 4000 mg/l e não se registam efeitos fisiológicos. No entanto, pode concluir-se que a água com um teor de sólidos dissolvidos totais até 1000 mg/l só é satisfatória para utilizações domésticas. Formam incrustações, provocam a formação de espuma nas caldeiras, aceleram a corrosão e interferem com a cor e o sabor da maioria dos produtos acabados.

4.2.4. Alcalinidade total

A alcalinidade da água é a sua capacidade de neutralização de ácidos. É a soma de todas as bases tituláveis. A estimativa da alcalinidade total de uma solução baseia-se em titulações ácido-base (Figura-4.4). A alcalinidade da água é estimada por titulação com uma solução ácida padrão, com a ajuda de um indicador de pH. Colocam-se 25 ml de amostra de água num frasco cónico limpo. Adicionam-se 2 gotas de indicador laranja de metilo e titula-se com 0,02N H_2SO_4 (previamente padronizado com uma solução padrão de Na_2CO_3) até ao ponto final, que é indicado pela mudança de cor de amarelo dourado para vermelho alaranjado. A alcalinidade total da amostra de água foi calculada utilizando a seguinte fórmula.

Alcalinidade total em mg/l como

$$CaCO3 = \frac{\text{Titer value x M of} H_2SO_4 \text{x } 1000 \text{ x } 50 \text{ mg/l}}{\text{Volume of sample}}$$

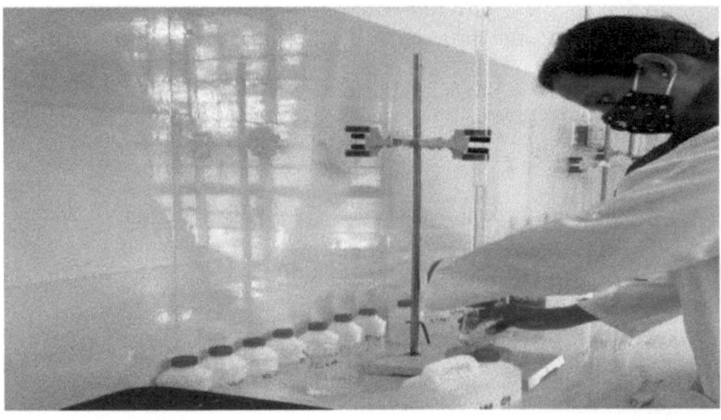

Figura:4.4 - Processo de titulação

4.2.5. Dureza total

A dureza é a capacidade da água para reduzir e destruir a espuma do sabão. A dureza da água deve-se à acumulação de sal proveniente do contacto com o solo e as formações geológicas ou pode provir de efluentes industriais. A dureza da água não é um constituinte específico, mas uma mistura variável e complexa de catiões e aniões. É causada por iões metálicos polivalentes dissolvidos. O cálcio e o magnésio são os principais catiões que causam a dureza. O Fe, o Al, o Mn e o Zn também causam dureza, mas numa extensão relativamente pequena ou numa quantidade insignificante. Na água doce, os principais iões causadores de dureza são o cálcio e o magnésio. No entanto, se estiverem presentes em quantidades significativas, os outros iões metálicos também devem ser incluídos.

A dureza total foi determinada por titulação complexométrica. Colocaram-se 25 ml de amostra de água num frasco cónico limpo. Adicionou-se 1 ml de tampão de amónio e uma pitada de chá preto de eriocromo (EBT). Em seguida, titulou-se com ácido etileno diamino tetra acético (EDTA) e anotou-se o valor. A mudança de cor é de violeta para azul-querosene.

$$\text{Total Hardness} = \frac{\text{Titer value X M of EDTA X 1000 X 100 mg/l}}{\text{Volume of sample}}$$

4.2.6. Determinação da dureza do cálcio e do magnésio:

A determinação da dureza do cálcio também se baseia no princípio da complexometria. Como o Mg pode ser precipitado primeiro como Mg $(OH)_2$, o valor do título dá apenas a quantidade de cálcio. À amostra de 25 ml, foi adicionado 1 ml de tampão NaOH e titulado contra EDTA 0,01M utilizando o indicador Murexido. No ponto final, a cor muda de rosa pálido para violeta. A diferença entre a dureza total e a dureza cálcica dá a dureza magnesiana. A dureza de Ca e Mg nas amostras de água foi estimada a partir da sua dureza correspondente.

Reagentes:

Solução padrão de EDTA (0,01M): Pesar 3,723 g de etilenodiamina tetraacetato dissódico desidratado de grau de reagente analítico, dissolver em água destilada e diluir a 1000 ml.

Solução tampão (hidróxido de sódio 1N).

$$\text{Dureza cálcica} = \frac{M \times V \times 1000 \times 100}{\text{Volume da amostra}}$$

M = Molaridade do EDTA

V = Volume de EDTA utilizado

Cálcio em ppm = Dureza cálcica x 0,4

Dureza total - Dureza cálcica = Dureza de magnésio

Magnésio em ppm = Dureza do magnésio x 0,243.

4.2.7. Cloreto

O cloreto está amplamente distribuído na natureza, geralmente sob a forma de sais de NaCl, KCl e $CaCl_2$. A presença de cloreto em águas naturais pode ser atribuída à dissolução de depósitos de sal, descargas de efluentes de indústrias químicas, etc. O sabor salgado produzido pelo cloreto depende da composição química da água. Um teor elevado de cloreto pode danificar tubagens e estruturas, bem como plantas agrícolas. Algumas águas com 250 mg/l de cloreto podem ter um sabor salgado detetável se o catião for o sódio. Por outro lado, o sabor salgado típico pode estar presente em águas que contenham até 1000 mg/l quando os catiões predominantes são o Ca e o Mg.

As concentrações de cloreto nas amostras foram determinadas utilizando o método de titulação argentométrica. O $AgNO_3$ reage com iões cloreto para formar cloreto de prata. A conclusão da reação é indicada pela cor castanho-avermelhada produzida pela reação do nitrato de prata com a solução de cromato de potássio, que é adicionada como indicador.

Introduzir cerca de 25 ml de amostra num erlenmeyer. Adicionar 1 ml do indicador cromato de potássio e titular com uma solução-padrão de nitrato de prata. No final da reação, a cor muda de amarelo para laranja-avermelhado.

$$Cloreto, mg/l = \frac{\text{Valor do título X V de } AgNO_3 \text{ X } 35,45 \text{ X } 100}{\text{Volume da amostra}}$$

4.2.8. Sulfato

Os sulfatos podem estar presentes nas águas naturais em concentrações que variam de alguns a vários milhares de mg/l. A maioria dos sulfatos é solúvel na água, com exceção dos sulfatos de chumbo, bário e estrôncio. O sulfato dissolvido é considerado um soluto permanente da água. Pode, no entanto, ser reduzido a sulfureto, volatilizado para o ar como $H_2 S$, precipitado como um sal insolúvel ou incorporado em organismos vivos. Os sulfatos são principalmente descarregados na água a partir de minas e fundições e de fábricas de pasta e papel, fábricas têxteis e curtumes, etc. Quando ocorrem naturalmente, são frequentemente o resultado da decomposição de folhas que caem num determinado recurso hídrico.

O sulfato foi determinado pelo medidor de turbidez Systronics Nephalo (Fig. 4.5). O princípio principal do instrumento é o efeito Tyndall. O efeito Tyndall é a dispersão da luz por partículas num coloide ou numa suspensão muito fina. Também conhecido por dispersão Willis-Tyndall, é semelhante à dispersão Rayleigh, na medida em que a intensidade da luz dispersa é inversamente proporcional à quarta potência do comprimento de onda, pelo que a luz azul é dispersa muito mais fortemente do que a luz vermelha. Sob o efeito Tyndall, os comprimentos de onda mais longos são mais transmitidos, enquanto os comprimentos de onda mais curtos são mais difusamente reflectidos por dispersão. É particularmente aplicável a misturas coloidais e suspensões finas.

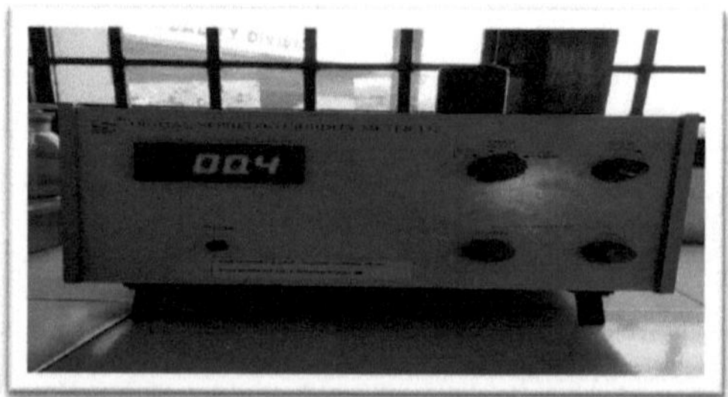

Figura: 4.5 - Turbidímetro Nephalo

O instrumento foi calibrado com a solução padrão de 40 NTU, preparada a partir de uma solução padrão de 4000 NTU. O sulfato nas amostras foi determinado de acordo com o seguinte procedimento. Colocar 30 ml de amostra num erlenmeyer de 100 ml. Adicionar 1,25 ml de reagente de condicionamento e misturar. Adicionar uma pitada de cristais de $BaCl_2$ e agitar bem durante 1 minuto. Imediatamente após o fim do período de agitação, verter um pouco da solução para a célula de absorção do fotómetro e medir a turvação a intervalos de 30 segundos durante 4 minutos, uma vez que a turvação máxima ocorre em 2 minutos e as leituras permanecem constantes durante 3-10 minutos.

4.2.9 Ferro

Os processos de meteorização libertam o elemento nas águas. O ferro está presente na água principalmente sob duas formas: o ferro ferroso solúvel ou o ferro férrico insolúvel. A água que contém ferro ferroso é límpida e incolor porque o ferro está completamente dissolvido. Quando exposta ao ar na atmosfera, a água torna-se turva e começa a formar-se uma substância castanha-avermelhada, que é a forma oxidada ou férrica do ferro que não se dissolve na água.

O ferro foi determinado utilizando o espetrofotómetro Thermo scientific UV-Vis (Fig. 4.6) pelo método espetrofotométrico da fenantrolina, após calibração com soluções-padrão. O princípio de medição baseia-se na lei de Beer-Lamberts. A espetroscopia de absorção no ultravioleta e no visível consiste na medição da atenuação de um feixe de luz após a sua passagem através de uma amostra ou após a sua reflexão a partir da superfície de uma amostra. As medições de absorção podem ser efectuadas num único comprimento de onda ou numa gama espetral alargada. As moléculas absorvem normalmente luz ultravioleta ou visível. A absorvância de uma solução aumenta à medida que a luz recebida é atenuada. A absorvância é diretamente proporcional ao comprimento do percurso e à concentração da molécula absorvente. Esta relação é conhecida como Lei de Beer-Lambert. A concentração das substâncias a analisar pode ser obtida a partir de referências ou, mais exatamente, determinada a partir de uma curva de calibração.

Figura: 4.6 - Espectrómetro UV-Vis

Introduzir 50 ml de amostra num erlenmeyer. Adicionaram-se 2 ml de HCL concentrado e 1 ml de cloridrato de hidroxilaminas. Em seguida, as amostras foram digeridas numa placa quente até o seu volume se reduzir a 15-20 ml. Após arrefecimento, foram adicionados 10 ml de solução tampão de amónio e 4 ml de solução de fenantrolina. O ferro presente nas amostras foi complexado com os reagentes e desenvolveu-se uma cor castanho-avermelhada. A solução foi completada até 50 ml num balão normalizado. Em seguida, efectuou-se a medição a 510 nm de comprimento de onda.

4.2.10.Nitrato

O nitrato pode ocorrer naturalmente nas águas superficiais e subterrâneas a um nível que, em geral, não causa problemas de saúde. A presença de nitratos na água deve-se principalmente à utilização excessiva de fertilizantes químicos, à eliminação inadequada de dejectos humanos e animais, etc. Os nitratos na água são indetectáveis sem a realização de testes, uma vez que são incolores, inodoros e insípidos. A Agência de Proteção do Ambiente (EPA) adoptou desde então a norma de 10 mg/l como nível máximo de contaminação (MCL) para o azoto nítrico nos sistemas públicos de abastecimento de água regulamentados.

Colocam-se 50 ml de amostra num erlenmeyer limpo e adiciona-se 1 ml de NHCL. Em seguida, a solução é mantida durante 1 minuto. A leitura espectrofotométrica foi efectuada no comprimento de onda de 220 nm.

4.2.11.Oxigénio dissolvido

O oxigénio dissolvido é a quantidade de oxigénio dissolvido numa unidade de volume de água. O Oxigénio Dissolvido (OD) é essencial para a manutenção de lagos e rios saudáveis. É uma medida da capacidade da água para sustentar a vida aquática. O teor de oxigénio dissolvido da água é influenciado pela temperatura da água e pelos processos químicos ou biológicos que ocorrem no sistema de distribuição.

Pega-se num frasco de CBO de 300 ml com rolha de vidro e enche-se com a amostra sem reter bolhas de ar. Para a fixação da DO, foram adicionados 2 ml de sulfato de manganês e 2 ml de reagente alcalino-iodeto azida. Em seguida, deixou-se a solução assentar durante um período de tempo suficiente para reagir completamente com o oxigénio. Adicionam-se 2 ml de ácido sulfúrico concentrado à amostra. Inverte-se o frasco várias vezes para dissolver o floco e titula-se com tiossulfato de sódio utilizando o amido como indicador. O ponto final da titulação é o primeiro desaparecimento da cor azul para incolor.

$$\text{Teor de oxigénio dissolvido} = \frac{\text{Valor do título x normalidade do tiossulfato de sódio x 8 x 1000}}{\text{Volume da amostra}}$$

4.2.12.Carência química de oxigénio (CQO)

É a medida da capacidade da água para consumir oxigénio durante a decomposição da matéria orgânica e a oxidação de produtos químicos inorgânicos. Se a CQO for mais elevada, a amostra de água indica maior poluição. A CQO foi determinada pelo método dos reflexos.

Colocar 25 ml de amostra no tubo de refluxo, adicionar à solução de amostra uma pitada de cloreto de mercúrio, 12,5 ml de dicromato de potássio e 37,5 ml de ácido sulfúrico. Manter a amostra durante 2 horas. De seguida, adicionar 80 ml de água destilada. Deixar arrefecer a amostra. Adicionaram-se 3 gotas de indicador de ferroína e titulou-se com sulfato ferroso de amónio 0,25 M (FAS) até a cor mudar de verde azulado para castanho avermelhado. Um branco de água destilada com reagentes também foi refluxado e titulado.

$$CQO, \text{mg/l} = (A-B) \, M \times 8 \times 1000 / \text{ml amostra}$$

Onde,

    A = Volume de FAS utilizado no ensaio em branco, ml

    B = Volume de FAS utilizado para a amostra, ml

    M = Molaridade do FAS

4.2.13. Análise bacteriológica

A análise bacteriológica da água é um método de análise da água para estimar o número de bactérias presentes e, se necessário, para descobrir que tipo de bactérias são. Representa um aspeto da qualidade da água. Trata-se de um procedimento analítico microbiológico que utiliza amostras de água e, a partir destas, determina a concentração de bactérias. A partir destas concentrações, é possível fazer inferências sobre a adequação da água para utilização. A análise inclui a estimativa de

- Coliformes totais
- E. coli (Escherichia coli)

Método: Técnica NMP (Método do Número Mais Provável)

O grupo coliforme inclui todas as bactérias gram-negativas aeróbias e anaeróbias facultativas, sem formação de esporos, que fermentam a lactose com formação de gás em 48 horas a 37°C. O teste padrão para a estimativa do grupo coliforme é o método NMP. Na técnica NMP, os resultados são expressos em termos do Número Mais Provável de bactérias na amostra. O valor NMP para uma determinada amostra é obtido através da utilização da tabela NMP.

Aparelhos utilizados:

- Autoclave para funcionamento a 121°C a 151lbs de pressão
- Forno de ar quente para manter 160-170°C
- Incubadora para manter 35±0,5°C
- Material de vidro: Tubos de fermentação com capacidade de 30-40 ml com tampões de algodão, tubos de Durhams com capacidade de 0,25-0,5 ml, pipetas com graduações de 10, 1 e 0,1 ml.
- Anel de fio para inoculação: Anel de fio de liga de níquel de calibre 22-24 com 3-3,5 mm de diâmetro para esterilização por chama.
- Esterilizador de laços

➢	Bico de Bunsen

Reagentes e meio de cultura:

➢	Caldo Mac Conkey (Ingredientes: Peptona- 20g, Lactose- 10g, Cloreto de Sódio- 5g, Sal Biliar- 5g, Água destilada- 100 ml)

➢	Água de peptona: Ingredientes: Digestões pépticas de tecido animal - 10,00g, Cloreto de Sódio - 5,00g

➢	Reagente de indole de Kovac: para deteção da presença de indole produzido por microrganismos devido à desaminação do triptofano.

Procedimento:

Esterilização: Esterilizar o caldo de cultura, em autoclave a 121°C durante 15 minutos e pipetar em recipientes metálicos na estufa esterilizadora a 170°C durante 2 horas.

Coliformes totais NMP Procedimento: Transferir assepticamente alíquotas de 10, 1 e 0,1 ml da amostra para tubos de fermentação Mac Conkey (Fig-4.7). Incubar os tubos inoculados a 37±0,5°C. Após 48±3 horas, agitar cada tubo e examinar a produção de gás. Registar a presença ou ausência de ácido e a produção de gás. A presença de gás e ácido constitui um teste presuntivo positivo.

Deteção de E. coli.

Agitar suavemente os tubos positivos anteriores para ressuspender o crescimento e, com uma ansa estéril, transferir três alças para o tubo de fermentação contendo água peptonada. Incubar os tubos inoculados a 44,5°C durante 24±3 horas. Após a incubação, adicionar 2 gotas de reagente de Kovac. A formação de um anel vermelho indica a presença de Escherichia coli (Fig. 4.8).

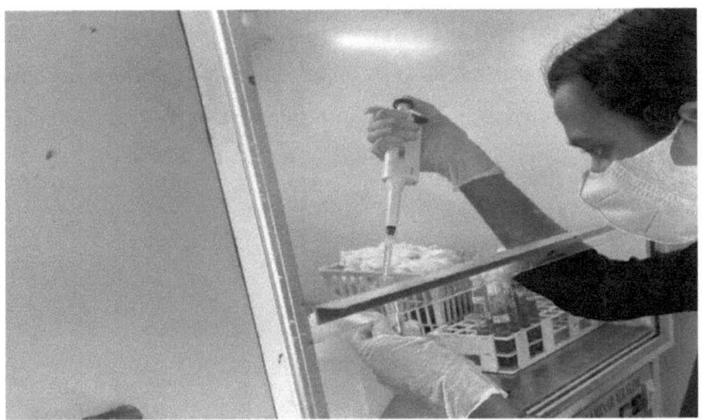

Figura:4.7 - Transferência da amostra para os tubos de fermentação

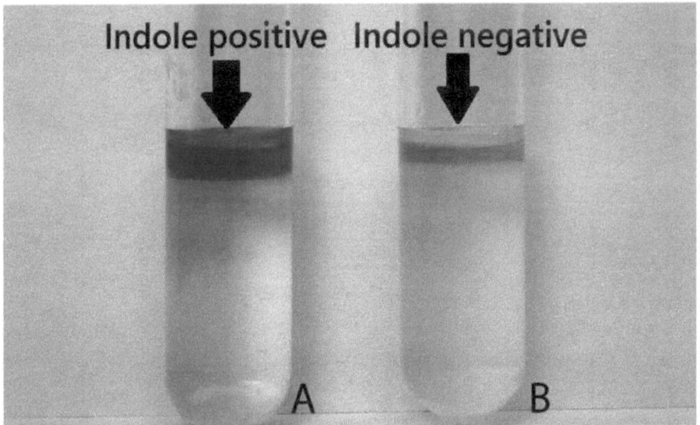

Figura: 4.8 - Ensaio do indole

4.3 Análise granulométrica

Na análise granulométrica, os sedimentos são classificados de acordo com o tamanho. Os tamanhos dos sedimentos podem ser expressos em milímetros, microns ou ϕ(Phi) representa o tamanho do grão do sedimento expresso como logaritmo negativo para a base de dois do tamanho do sedimento em milímetros (Krumbein, 1934). Esta conversão de escala é conveniente para efeitos de cálculo. Para classificar os sedimentos de acordo com o seu tamanho, utiliza-se uma escala de graus. Uma escala de classificação pode ser designada como uma divisão arbitrária de uma escala contínua de tamanho, de modo a que cada unidade de classificação ou escala possa servir como um intervalo de classe conveniente para efetuar a análise ou para expressar o resultado da análise. Foram sugeridas numerosas escalas, das quais uma padronizada internacionalmente é a escala de Udden-Wentworth (Tabela-4.1).

Limite do grau (diâmetro)	Nome
Acima de 256 mm	Boulder
256 - 64 mm	Calçada
64 - 4 mm	Seixo
4 - 2 mm	Grânulos
2 - 1 mm	Areia muito grossa
1 -0,5 mm	Areia grossa
0,5 - 0,125 mm	Areia média
0,125 - 0,0625 mm	Areia muito fina
0,0625 - 0,0039 mm	Fenda
<0,0039mm	Argila

Tabela:4.1 - Escala de Udden-Wentworth

4.3.1 Análise de veios

A peneiração é normalmente utilizada para determinar a distribuição granulométrica das partículas de areia (4 mm e 1/10th de diâmetro). O peneiro é montado colocando um sobre o outro, com a dimensão da malha a aumentar de cima para baixo. Foram utilizados crivos ASTM numerados como 10, 14, 18, 25, 45, 60, 80,120, 170 e 230 (intervalo de meio phi) para a peneiração. Existe uma grande variedade de escalas de classificação baseadas no sistema de malhas utilizadas em ensaios geológicos, de engenharia e comerciais. Entre estas, as mais conhecidas são as peneiras construídas de acordo com o sistema de malhas aprovado pela American Society for Testing Materials (ASTM). A relação entre as aberturas de peneira ASTM números de malha, tamanho dos sedimentos em milímetros e valores de ϕ é mostrada na tabela 4.2. Os sedimentos em cones e em quartos foram levados para peneirar a seco num agitador Rao-Tapsieves durante 15 minutos cada (Fig. 4.10). A fração retida nos vários peneiros foi depois cuidadosamente recolhida numa grande folha de papel esmaltado (Fig. 4.9). Cada fração foi pesada separadamente e armazenada. A fração de areia de cada peneira é cuidadosamente retirada, transferida e pesada, e as percentagens de peso são calculadas com o software Gradi stat.

Figura: 4.9 -Recolha de fracções de seivas

Figura: 4.10 - Peneira Rao-Tap

Malha ASTM	Tamanho do sedimento (mm)	Tamanho do sedimento (ϕ)
10	2	-1
14	1.41	-0.5
18	1	0
25	7.07	0.5
35	5	1
45	3.54	1.5
60	2.5	2
80	1.77	2.5
120	1.25	3
170	8.8	3.5
230	6.3	4.25

Tabela-4.2: Relações entre o número de malhas ASTM, a dimensão dos sedimentos (mm) e os valores de phi.

4.3.2 Parâmetros estatísticos

São geralmente utilizados quatro parâmetros granulométricos para descrever a distribuição granulométrica. São eles a média, o desvio padrão, a assimetria e a curtose. Para além destes, a mediana e a moda também são de grande utilidade para compreender as variações do tamanho do grão em relação ao ambiente de deposição e às condições de energia do meio de deposição (Folk e Ward, 1957).

Granulometria média

A média é a média estatística expressa em unidades phi(φ). Diferentes investigadores propuseram fórmulas diferentes para o cálculo destes parâmetros estatísticos, mas a mais aceite é a proposta por Folk e Ward (1957).

$$\text{Mean (Mz)} = \frac{\varphi 16 + \varphi 50 + \varphi 84}{3}$$

Mediana

A mediana é um valor intermédio e deve ser abandonada como medida da dimensão média.

Baseia-se apenas num ponto da curva cumulativa

Modo

Tamanho de partícula mais frequente.

Desvio padrão (σ)

O desvio-padrão é uma medida de ordenação. A uniformidade numa amostra de sedimentos pode ser medida por estes parâmetros. É um dos parâmetros mais úteis para reconhecer a eficiência dos meios de deposição.

$$\text{Standard deviation } (\sigma) = \frac{(\varphi 84 - \varphi 16)}{4} + \frac{(\varphi 95 - \varphi 5)}{6.6}$$

De acordo com Folk e Ward (1957), os pontos de divisão baseados no desvio-padrão são os seguintes

Desvio padrão	Ordenação
<0.35(φ)	Muito bem selecionado
0.35-0.50(φ)	Bem selecionado
0.50-0.71(φ)	Moderadamente bem selecionado
0.71 -1(φ)	Moderadamente selecionado
1 -2(φ)	Mal selecionado
2 -4(φ)	Muito mal selecionado
>4(φ)	Extremamente mal selecionado

Tabela:4.3 - Desvio padrão

Skewness (Sk)

A assimetria da distribuição granulométrica numa amostra de sedimentos é medida pela assimetria. O índice de assimetria de Folk e Ward (1957) é a melhor medida, uma vez que abrange a curva completa.

$$\text{Skewness } (Sk) = \frac{\varphi 16 + \varphi 84 - 2\varphi 50}{2(\varphi 84 - \varphi 16)} + \frac{\varphi 5 + \varphi 95 - 2\varphi 50}{2(\varphi 95 - \varphi 5)}$$

Os limites de assimetria indicados por Folk e Ward (1957) são os seguintes (Quadro 4.4)

Valor de assimetria	*Tipo de assimetria*
>0.30	Muito Fino Inclinado
0,30 a 0,10	Finamente inclinado
0,10 a-0,1 0	Quase simétrico
-1,1a -0,30	Enviesado grosseiro
<-0.30	Muito grosseiro enviesado

Tabela:4.4 - Limites de assimetria

O sinal da assimetria está relacionado com a energia ambiental (Duane, 1964). A assimetria negativa (assimetria grosseira) está correlacionada com uma energia elevada e com uma ação de peneiração (remoção de resíduos) e a assimetria positiva (assimetria fina) com baixos níveis de energia (acumulação de resíduos).

Curtose (KG)

A curtose é considerada como um dos parâmetros texturais importantes para distinguir vários ambientes, como explicado por Duane (1964) e Mason e Folk (1958). É uma medida do contraste entre a ordenação observada na parte central da distribuição granulométrica e a observada nas caudas.

$$\text{Curtose (KG)} = \frac{\varphi 95 - \varphi 5}{2,44(\varphi 75 - \varphi 25)}$$

Representa o grau em que as partículas se concentram perto do centro da curva (curvas platicúrticas-largas, curvas mesocúrticas-médias e curvas leptocúrticas com picos). Muitas curvas designadas como "normais" pela medida da assimetria revelam-se marcadamente não normais quando a curtose é calculada.

Os limites de curtose indicados por Folk e Ward (1957) são apresentados no quadro 4.5:

Valor da curtose	Tipo de curtose
<0.67	Muito Platy kurtic
0.67 -0.90	Platykurtic
0.90 -1.11	Mesocúrtica
1.11 -1.50	Leptocúrtico
1.50-3	Muito leptocúrtico
>3	Extremamente leptocúrtica

Tabela:4.5 - Limites de curtose

As amostras de água e sedimentos foram recolhidas em 10 locais diferentes ao longo do rio Vamanapuram e foram identificadas como VM01, VM02, VM03, VM04, VM05, VM06, VM07, VM08, VM09 e VM10. O resultado dos parâmetros físico-químicos é apresentado no quadro 5.1.

5.1 Avaliação da qualidade da água

A tabela 5.1 resume as propriedades físico-químicas das amostras de água de 10 estações de amostragem. O pH do ambiente pode fornecer informações importantes sobre muitos processos químicos e biológicos e influencia muitas das actividades físico-químicas e a concentração dos nutrientes. Os ácidos fortes têm um pH de 1, enquanto as bases, que são substâncias que neutralizam os ácidos, têm um pH de 14. Na água natural, o pH é regido pelo equilíbrio entre 4,5 e 8,5, embora seja mais básico. As águas residuais e as águas poluídas têm um pH inferior ou superior a 7, consoante a natureza do poluente (Gorde et.al.,2013). O pH das amostras de água do rio Vamanapuram variou entre 7,06 e 7,77. O pH máximo foi observado no VM10 e o valor mínimo no VM09. A variação do pH está representada na Fig. 5.1

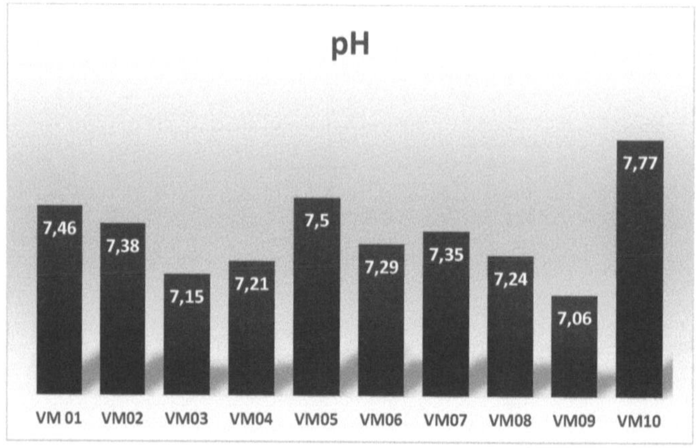

Figura:5.1 - Variação do pH

Código de amostra	VM 01	VM 02	VM 03	VM0 4	VM 05	VM0 6	VM 07	VM0 8	VM0 9	VM 10
pH	7.46	7.38	7.15	7.21	7.5	7.29	7.35	7.24	7.06	7.77
Temperatura (°C)	25.1	27.3	27.8	27.9	29.4	29	30	29.8	30.7	31.5
CE(uS/cm)	38.1	29.4	58.6	42.9	63.9	67.4	68	71.9	84.5	5700
TDS (mg/l)	27.1	29.4	41.6	42.9	45.9	47.9	48.3	51.1	60	3780
Dureza total (mg/l)	8	8	8	12	8	8	12	8	12	1380
Alcalinidade total (mg/l)	4	8	8	12	8	8	8	8	16	36
Cloreto (mg/l)	1.199	1.599	1.599	2.799	2.399	2.399	1.999	2.399	2.799	25.99
Sulfato (mg/l)	3.7	5.1	11.1	12.6	9.5	18	12.3	13.9	10.7	124.6
Nitrato (mg/l)	BDL	BDL	BDL	BDL	BDL	BDL	BDL	BDL	BDL	BDL
Cálcio (mg/l)	8	8	8	12	8	8	12	8	8	220
Magnésio (mg/l)	0	0	0	0	0	0	0	0	4	1160
Ferro (mg/l)	0.036	0.339	0.844	1.238	0.854	1.998	0.394	1.878	0.647	0.225
Oxigénio dissolvido (mg/l)	8.32	6.72	8.32	8.32	8.32	8.32	6.72	6.72	6.72	2.88
COD	3.2	4.8	4.8	3.2	3.2	3.2	4.8	3.2	3.2	176

Tabela:5.1 - Parâmetros físico-químicos

Os limites de tolerância dos parâmetros são especificados de acordo com a utilização classificada da água (quadro 5.2 e quadro 5.3 abaixo)

Tabela 5.1 Classe de água de acordo com ISI-IS: 2296-1982

Classificação	Tipo de utilização
Classe A	Fonte de água potável sem tratamento convencional mas após desinfeção
Classe B	Banhos ao ar livre
Classe C	Fonte de água potável com tratamento convencional seguido de desinfeção
Classe D	Piscicultura e propagação da vida selvagem
Classe E	Irrigação, arrefecimento industrial ou eliminação controlada de resíduos

Quadro 5.2 Limites de tolerância para as águas de superfície

SL.NO	Características	Classe A	Classe B	Classe C	Classe D	Classe E
1	pH	6.5-8.5	6.5-8.5	6.5-8.5	6.5-8.5	6.0-8.5
2	Temperatura	-	-	-	-	-
3	CE(uS/cm)	-	-	-	1000	2250
4	TDS (mg/l)	500	-	1500	-	2100
5	Dureza total (mg/l)	300	-	-	-	-
6	Alcalinidade total (mg/l)	-	-	-	-	-
7	Cloreto (mg/l)	250	-	600	-	600
8	Sulfato (mg/l)	400	-	400	-	1000
9	Nitrato (mg/l)	20	-	50	-	-
10	Cálcio (mg/l)	200	-	-	-	-
11	Magnésio (mg/l)	100	-	-	-	-
12	Ferro (mg/l)	0.3	-	50	-	-
13	Oxigénio dissolvido (mg/l)	6.0	5.0	4.0	4.0	-
14	COD	-	-	-	-	-

A condutividade é utilizada para determinar a mineralização da água. A condutividade elétrica das amostras estava na faixa de 29,4uS/cm a 5700uS/cm. A maior concentração é observada para VM10 e a menor para VM02. Os sólidos totais dissolvidos referem-se a quaisquer minerais, sais, catiões ou aniões dissolvidos na água. Inclui sais inorgânicos como cálcio, magnésio, potássio, bicarbonatos, cloretos e sulfatos. A concentração de TDS situa-se entre 27,1 e 3780 mg/l. O limite aceitável de TDS, de acordo com a norma indiana, é de 500 ppm, pelo que quase todas as amostras, exceto a VM10, se encontram dentro do limite desejável. As principais fontes de TDS nas águas receptoras são o escoamento agrícola e residencial, a lixiviação da contaminação do solo e a descarga de poluição pontual da água proveniente de instalações industriais ou de tratamento de águas residuais. Os elementos mais exóticos e nocivos dos TDS são os pesticidas provenientes do escoamento superficial. Verificou-se que a maioria das amostras de água são águas pouco salinas e excelentes para fins de irrigação, de acordo com os valores de CE e TDS. A única exceção é encontrada na amostra que foi recolhida na região costeira (VM10).

A alcalinidade da água é a capacidade de neutralização de ácidos e um índice do estado dos nutrientes na água. Ocorre principalmente devido à presença de carbonatos, bicarbonatos e hidróxidos. A ocorrência de dióxido de carbono na água está relacionada com a alcalinidade. Uma massa de água com alcalinidade superior a 50 mg/L pode ser considerada como um sistema produtivo (Moyle 1949). A alcalinidade natural em si não é prejudicial para os seres humanos, mas o excesso de alcalinidade pode causar irritação ocular nos seres humanos e clorose nas plantas. A alcalinidade das amostras recolhidas variou entre 4 e 36mg/l. O limite aceitável de alcalinidade total para a água potável proposto pelo BIS é de 200mg/l. A alcalinidade de todas as amostras recolhidas estava dentro do limite aceitável. O limite aceitável de cloreto na água potável é de 250mg/l de acordo com o BIS.

A concentração de cloreto das amostras de água variou entre 1,199 e 25,99 mg/l. O valor mais elevado foi obtido na zona de Anchuthengu, perto do Mar Arábico. Quando as amostras de água na área de estudo foram classificadas com base no índice de clorinidade, quase todas as amostras de águas superficiais caíram na classe A e são adequadas para beber e irrigar devido à sua natureza pouco salina. As variações das concentrações de alcalinidade e de cloreto nas amostras são apresentadas na Fig. 5.2.

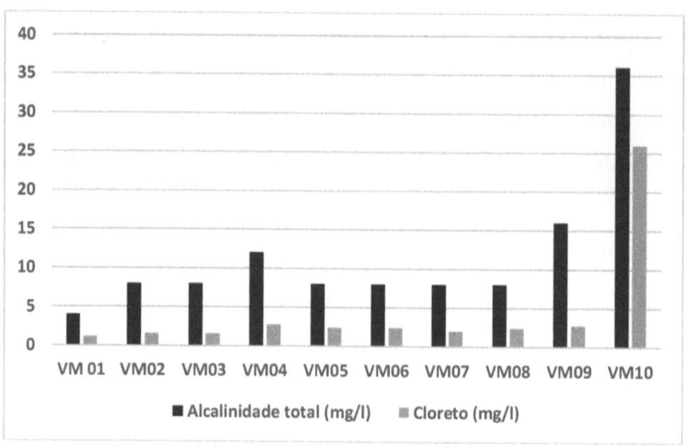

Figura: 5.2 - Variações de Alcalinidade e Cloretos

A concentração de sulfato varia de 3,7 a 124,6 mg/l. Todas as concentrações observadas estão dentro do limite aceitável, 200mg/l, do BIS. A concentração mais elevada é registada no VM10 e a mais baixa no VM01. A concentração de sulfato é causada pela lixiviação de minerais de sulfato, como o gesso ou os minerais de sulfureto nas rochas sedimentares, como a pirite, e também pela deposição atmosférica de aerossóis oceânicos.

O teor de ferro de todas as amostras situa-se entre 0,036 e 1,998 mg/l. A maioria das amostras tem uma concentração elevada de ferro e não está abaixo do limite admissível (0,3 mg/l). A concentração mais elevada é obtida na amostra VM06. Estas podem ser devidas a actividades antropogénicas, poluição devida a pontes adjacentes, casas de bombas ou indústrias, etc... O material azotado e o amoníaco na água natural são oxidados por bactérias aeróbias em nitritos e depois em nitratos. Níveis baixos de nitrato que ocorrem naturalmente podem ser normais, mas quantidades excessivas podem poluir a água. A concentração de nitratos nas amostras recolhidas é muito baixa e está abaixo do nível de deteção (BDL).

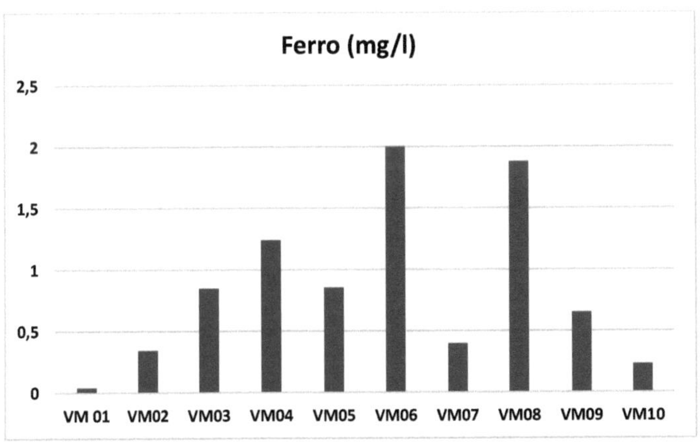

Figura: 5.3 - Variação da concentração de Ferro com as amostras

A dureza da água é um constituinte variável e é contribuída por metais alcalino-terrosos como o cálcio, o magnésio, o ferro, o manganês, o estrôncio, os carbonatos e os bicarbonatos. Assim, a dureza pode ser considerada como a medida dos catiões polivalentes na água. Entre estes catiões divalentes, o cálcio e o magnésio são os que predominantemente causam dureza permanente e os bicarbonatos e carbonatos induzem dureza temporária. A dureza temporária e a dureza permanente causadas por sulfatos e cloretos podem ser removidas por ebulição (Murugesan e Rajakumari 2005). As principais fontes naturais de dureza na água são os iões metálicos polivalentes dissolvidos nas rochas sedimentares, a infiltração e o escoamento superficial dos solos.

A dureza da água é a concentração total de cálcio e magnésio. A dureza total das amostras varia de 8 a 1380 mg/l (Fig. 5.4). O limite aceitável de cálcio é de 75 mg/l, de acordo com o BIS. O limite aceitável de magnésio é de 20 mg/l, de acordo com o BIS. Os valores que excedem o limite BIS foram observados apenas perto da costa de Anchuthengu (VM10). A variação súbita da dureza pode dever-se à mistura de água doce e salobra, uma vez que este local é a foz do rio, onde este desagua no estuário. A dureza da água indica a natureza das formações geológicas com as quais esteve em contacto (Shankar *et al.*,2011).

A água com dureza de 0 a 50 mg/l é classificada como água mole, de 50 a 150 mg/l como moderadamente dura, de 150 a 200 mg/l como dura e >300 mg/l como muito dura. Com base na classificação da dureza (Fifield & Haines, 1995), a maior parte das amostras do rio

Vamanapuram enquadra-se na categoria de água mole e as restantes na categoria de água muito dura.

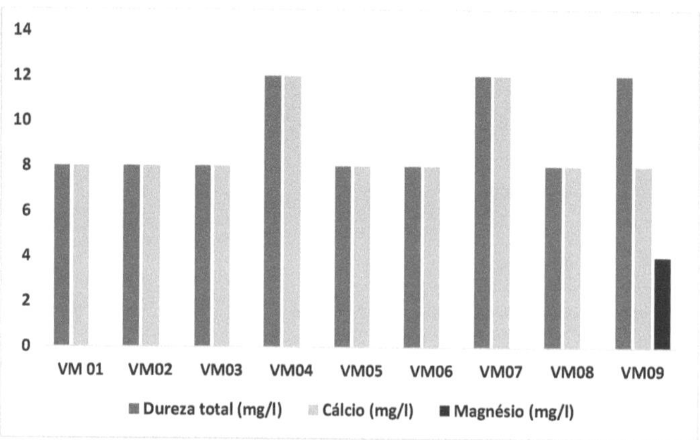

Figura: 5.4 - Variação da Dureza Total (VM01-VM09)

O oxigénio dissolvido refere-se ao nível de oxigénio livre, não composto, presente na água. As medições de oxigénio dissolvido são extremamente importantes para manter as condições aeróbicas da coluna de água sobrejacente, avaliar a produtividade do sistema aquático e são também um bom indicador do estado de poluição do sistema. O oxigénio dissolvido entra na água através do ar ou como um subproduto vegetal, durante a fotossíntese do fitoplâncton, algas, algas marinhas e outras plantas aquáticas. Os agentes redutores inorgânicos como o amoníaco, os nitritos, o ferro ferroso e certas substâncias oxidáveis também tendem a diminuir o OD na água.

O DO da maioria das amostras era superior a 5 mg/l, a concentração das amostras variava entre 6,72 e 8,32 mg/l e um valor de 2,88 mg/l foi observado na VM10. Foi observada uma ligeira diminuição do DO ao longo da direção jusante do rio (Fig. 5.5). O limite de tolerância do OD para a água potável é de 6 mg/l, de acordo com a norma IS:2296-1982. Foi documentado que as alterações nos níveis de DO na água se devem à adição de esgotos domésticos, resíduos industriais e escoamento agrícola. A presença de matéria orgânica biodegradável nos esgotos reduz geralmente o OD na água devido à atividade microbiana (Binu 2008).

Os níveis de oxigénio dissolvido nos rios variam de acordo com os seus níveis tróficos e a poluição frequente da água leva à depleção do oxigénio dissolvido (Srivastava *et al.*, 2009).

O nível de oxigénio dissolvido varia sazonalmente, diariamente e com a variação da temperatura (Rao & Rao, 2010). Geralmente, um nível de oxigénio dissolvido de 9-10 ppm é considerado muito bom. Com níveis de 4 ppm ou menos, algumas populações de peixes e macroinvertebrados (por exemplo, robalo, truta, salmão, ninfas de mayfly, ninfas de stonefly, larvas de caddis fly) começarão a diminuir. Outros organismos são mais capazes de sobreviver em águas com baixos níveis de oxigénio dissolvido (por exemplo, vermes do lodo, sanguessugas).

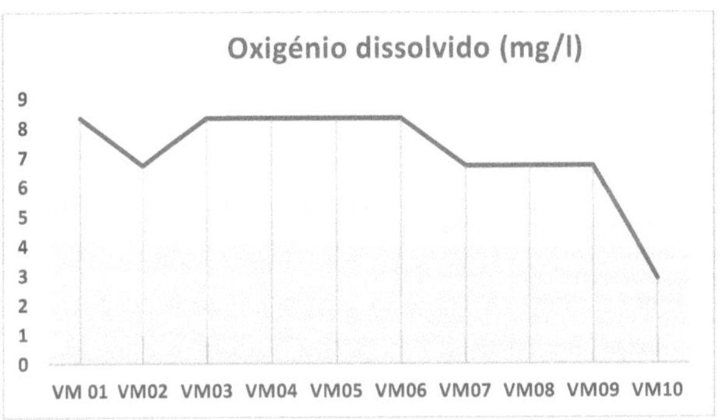

Figura: 5.5 - Variação do DO

Um teste de DQO pode ser utilizado para quantificar facilmente a quantidade de substâncias orgânicas na água. Os valores de CQO das amostras de rio variaram entre 3,2 e 176 mg/l (Fig. 5.6). A CQO é uma medida do oxigénio necessário para a oxidação química da matéria orgânica com a ajuda de um oxidante químico forte. Uma CQO elevada pode causar uma diminuição do oxigénio devido à decomposição dos micróbios a um nível prejudicial para a vida aquática.   Figura: 5.6 -Variação da CQO

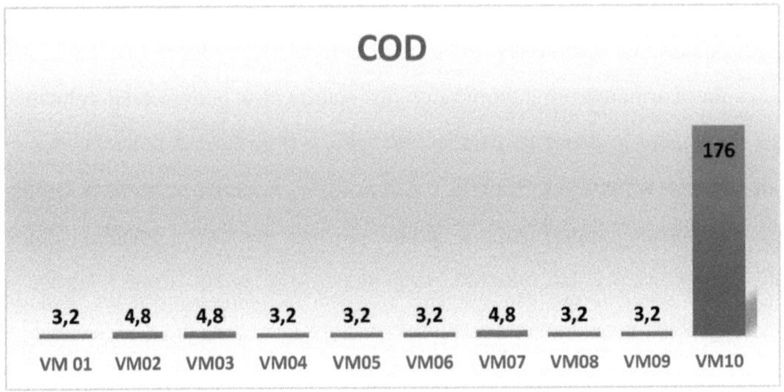

A análise bacteriológica das amostras de água mostra que todas as amostras estão contaminadas com micróbios. A presença de E. coli foi detectada em todas as dez amostras.

5.2 Análise granulométrica

Os depósitos sedimentares são frequentemente considerados como as páginas da história da Terra. Os estudos de depósitos sedimentares recolhidos de afloramentos expostos ou de núcleos de furos de sondagem são um dos métodos directos de investigação sedimentológica. Um olhar rápido sobre a literatura revela que foram efectuados vários estudos em diferentes partes do mundo para decifrar as alterações ambientais climáticas e do nível do mar no passado (Fairbanks, 1989; Prell *et al.*, 1992; Rao *et al.*, 2003; Pandarinath *et al.*, 2004; Verma e Sudhakar, 2006; Nair *et al.*, 2010). O conhecimento da textura dos sedimentos é vital para diferenciar vários ambientes deposicionais de sedimentos antigos e recentes (Manson e Folk, 1958; Freidman, 1961). A textura refere-se ao tamanho, forma e arranjos tridimensionais das partículas que compõem os sedimentos. A análise textural é a medida de descrição da distribuição granulométrica e tem principalmente três objectivos: descrição, comparação de sedimentos e consequente interpretação. Os parâmetros granulométricos constituem a base de muitos esquemas de classificação dos ambientes sedimentares. Durante os últimos 50 anos, vários investigadores utilizaram diferentes métodos e critérios para distinguir o ambiente de deposição a partir das distribuições granulométricas (Folk e Ward, 1957; Friedman, 1961, 1979; Sahu, 1964; Moiola e Weiser, 1968; Vincent, 1986). Cada ambiente de deposição pode ser assumido como tendo características típicas das condições de energia em função da localização e do tempo (Sahu, 1964). A distribuição granulométrica tem uma relação fundamental com as forças físicas envolvidas no mecanismo de transporte e deposição de sedimentos. Os sedimentos mais grosseiros são encontrados em ambientes de alta energia, enquanto os sedimentos mais finos entopem em regimes de baixa energia. As características da distribuição granulométrica dos sedimentos podem estar relacionadas com os materiais de origem, o processo de meteorização, a abrasão e a corrosão dos grãos e os processos de seleção durante o transporte e a deposição. Parâmetros como a circularidade, a esfericidade, a textura superficial, a proporção de minerais pesados detríticos, os componentes biogénicos e os minerais singénicos, que quantificam o grão, ajudam a identificar o ambiente.

Para interpretar o ambiente deposicional dos sedimentos, muitos investigadores utilizaram os parâmetros texturais, tais como o tamanho médio dos grãos, a classificação, a assimetria e a curtose (Folk, 1974; Folk e Ward, 1957). No presente estudo, a partir das percentagens de peso cumulativo da distribuição granulométrica, os parâmetros como a dimensão média, o desvio padrão, a assimetria e a curtose são calculados de acordo com Folk e Ward (1957). A classificação dos parâmetros granulométricos é apresentada na Tabela. 5.3. As características texturais de diferentes locais da área de estudo que representam o rio Vamanapuram são apresentadas nas secções seguintes.

LOCALIZAÇÃO	MEIO	ORDENAÇÃO	SKEWNESS	KURTOSIS
VM01	0.846	0.824	0.467	0.851
VM02	0.846	0.721	0.299	0.808
VM03	1.717	1.183	0.289	1.473
VM04	1.660	1.312	0.003	0.698
VM05	1.817	1.025	0.075	1.024
VM06	1.252	1.165	0.354	0.758
VM07	1.684	1.003	0.389	1.002
VM08	1.102	1.034	0.398	0.682
VM09	1.832	1.327	0.213	1.187
VM10	2.152	1.650	0.199	0.746

LOCALIZAÇÃO	MEIO	ORDENAÇÃO	SKEWNESS	KURTOSIS
VM01	Areia grossa	Moderadamente selecionado	Inclinação muito fina	Platykurtic
VM02	Areia grossa	Moderadamente selecionado	Inclinação fina	Platykurtic
VM03	Areia média	Mal selecionado	Inclinação fina	Leptocúrtico
VM04	Areia média	Mal selecionado	Simétrico	Platykurtic
VM05	Areia média	Mal selecionado	Simétrico	Mesocúrtica
VM06	Areia média	Mal selecionado	Inclinação muito fina	Platykurtic
VM07	Areia média	Mal selecionado	Inclinação muito fina	Mesocúrtica

VM08	Areia média	Mal selecionado	Inclinação muito fina	Platykurtic
VM09	Areia média	Mal selecionado	Inclinação fina	Leptocúrtico
VM10	Areia fina	Mal selecionado	Inclinação fina	Platykurtic

Tabela:5.3 - Parâmetros texturais dos sedimentos do rio Vamanapuram

Tamanho médio

O tamanho médio dos sedimentos é influenciado pela fonte de abastecimento, pelo meio de transporte e pelas condições energéticas do ambiente de deposição (Folk e Ward 1957). A variação no tamanho médio é um reflexo das mudanças nas condições de energia do meio de deposição e indica a energia cinética média do agente de deposição (Sahu 1964). O tamanho médio dos sedimentos do rio Vamanapuram varia de 0,846-2,152 φ (av 1,49 φ), indicando que os sedimentos são areias finas a grossas. O perfil a jusante dos valores médios mostra uma tendência semelhante, com um aumento em direção à foz (Fig. 5.7). A partir do perfil, é evidente que a competência do rio flutua em muitos locais devido a obstruções naturais e artificiais, fazendo com que as partículas mais grossas se depositem primeiro. A diminuição do valor médio de phi em alguns locais pode ser atribuída à turbulência local resultante da presença de pedras e da construção de barragens de controlo. A diminuição do tamanho do grão a jusante ou o aumento da média phi na direção do transporte resulta do fenómeno de transporte e abrasão que actuam simultaneamente, causando a diminuição do tamanho do grão (Pettijohn, 1987, Seralathan, 1979). No entanto, entende-se que a flutuação da competência do rio devido a factores como a descarga sazonal, a fisiografia, a morfologia fluvial, etc., também provoca uma diminuição do tamanho médio dos sedimentos (Maya,

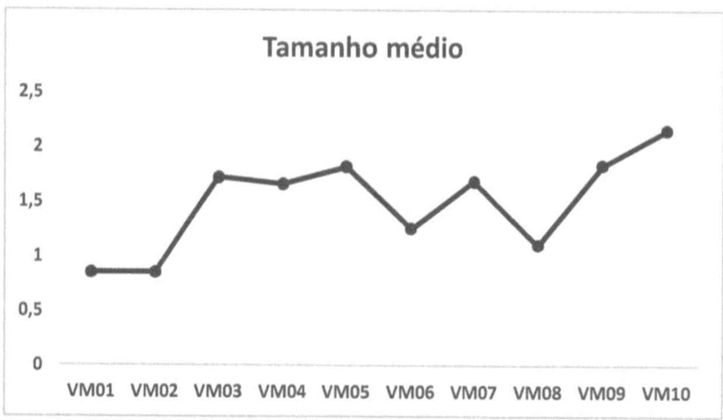

2005). Figura:5.7 - Variações do tamanho médio nos sedimentos

Ordenação (desvio-padrão)

A seleção depende do tamanho do sedimento, da taxa de deposição e da força e variação de energia do agente de deposição. Uma pior classificação indica velocidades de corrente variáveis e turbulência durante a deposição, enquanto uma boa classificação indica correntes suaves e estáveis (Amaral e Pryor, 1977). O desvio padrão para os sedimentos do rio varia de 0.824 - 1.650 (av 1.124) (Fig. 5.8) indicando que os sedimentos são mal ordenados a moderadamente ordenados. A maioria das amostras ao longo do curso do rio são mal classificadas. As amostras ricas em areia são moderadamente bem seleccionadas. Verifica-se uma ligeira diminuição dos valores do desvio padrão à medida que o rio corre para jusante e um ligeiro aumento quando chega ao estuário. As variações do tamanho médio revelam condições de energia diversas e a energia cinética média do agente depositante (Sahu 1964). O valor médio e a má classificação indicam a proximidade da fonte e uma quantidade reduzida de transporte dos sedimentos (Joseph *et al.*, 1997). A prevalência de amostras de sedimentos moderadamente bem seleccionadas revela o contínuo retrabalhamento dos sedimentos pelas ondas e correntes (Srinivasa Rao *et al.*, 1990). As variações nos valores de seleção são provavelmente devidas à adição contínua de materiais mais finos e mais grosseiros em proporções variáveis.

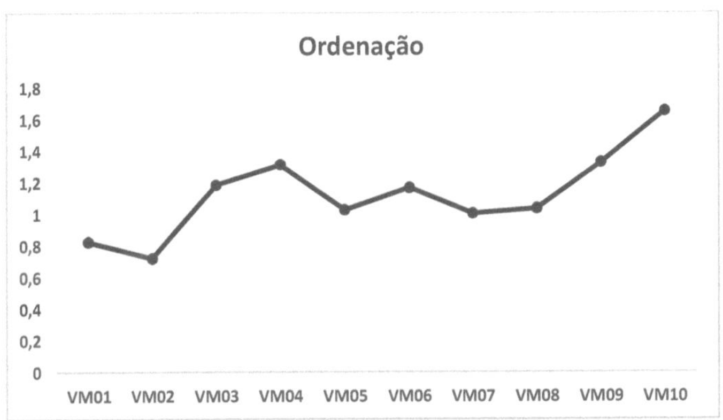

Figura:5.8 - Variações de triagem nos sedimentos

Skewness

A assimetria é o grau de simetria, ou seja, se as amostras são ponderadas em direção ao membro final grosseiro, diz-se que são positivamente enviesadas (inclinadas em direção aos valores phi negativos), e em direção ao membro final fino diz-se que são negativamente enviesadas (inclinadas em direção aos valores phi positivos). Friedman, (1967) salientou que a variação no sinal da assimetria é devida a condições de energia variáveis dos ambientes sedimentares. As amostras do rio são muito finamente enviesadas a quase simétricas, o que varia entre 0,003 e 0,467 (Fig. 5.9). Em geral, os sedimentos fluviais são geralmente enviesados positivamente, as praias mostram uma distribuição mais normal com uma ligeira inclinação positiva ou negativa (Friedman, 1979). A assimetria positiva deve-se à competência do fluxo unidirecional do meio de transporte, em que a extremidade grosseira da curva de frequência de tamanho é cortada, resultando na acumulação em ambientes abrigados, enquanto a assimetria negativa é causada pela amputação da extremidade de grão fino da curva devido à ação de joeiramento (Valia e Cameron, 1977), (Duane, 1964). A assimetria positiva dos sedimentos pode ser devida à presença de sedimentos finos e especifica que o transporte de sedimentos é normalmente feito na direção de jusante.

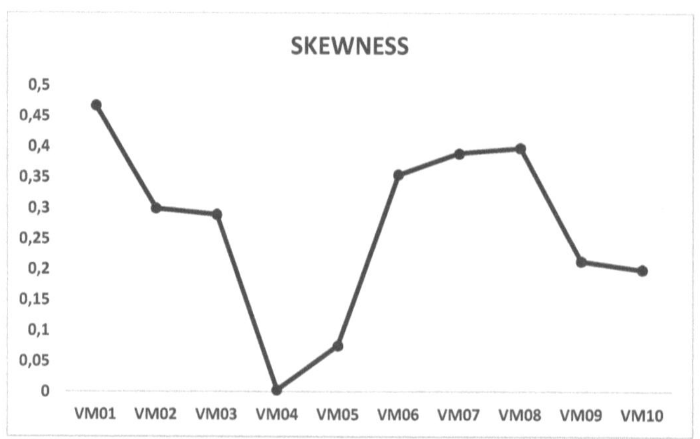

Figura:5.9 - Variações da assimetria dos sedimentos

Curtose

A curtose é o grau de pico de uma curva de frequência de tamanho de grão. As curvas que são mais pontiagudas do que a curva de distribuição normal são designadas por leptocúrticas; as que são mais flácidas do que a normal são designadas por platicúrticas. A curtose dos sedimentos do rio varia de platicúrtica a leptocúrtica e os valores estão entre 0,682 e 1,473 (Fig. 5.10). Os valores de curtose reproduzem discrepâncias na velocidade do meio de deposição e considera-se que valores superiores à unidade sugerem maiores flutuações nas condições de energia do meio de deposição (Verma e Prasad, 1981). Está provado que, se a parte central da distribuição granulométrica for bem ordenada do que a média nas caudas, os sedimentos serão de natureza leptocúrtica e vice-versa no caso de platicúrtica (Folk e Ward 1957; Cadigan 1961). Valores altos e baixos de curtose podem estar relacionados com sedimentos mal e muito mal seleccionados (Manokaran *et al.*, 2014). A distribuição espacial da curtose segue aproximadamente o padrão do tamanho médio com zonas de sedimentos ricos em areia coincidindo com zonas de natureza leptocúrtica. A dominância do tamanho mais fino e da natureza platicúrtica dos sedimentos reflecte a maturidade dos grãos de sedimentos. A variação nos valores de curtose é um reflexo das características de fluxo do meio de deposição (Karudu *et al.*, 2013). Sujatha e Singarasubramanian (2013) relataram que os sedimentos leptocúrticos a muito leptocúrticos ocorrem se forem seleccionados em alta ou baixa energia e transportados para uma nova zona onde a inversão de energia ocorre com a mistura de sedimentos mais finos ou mais grossos, dependendo da condição de energia.

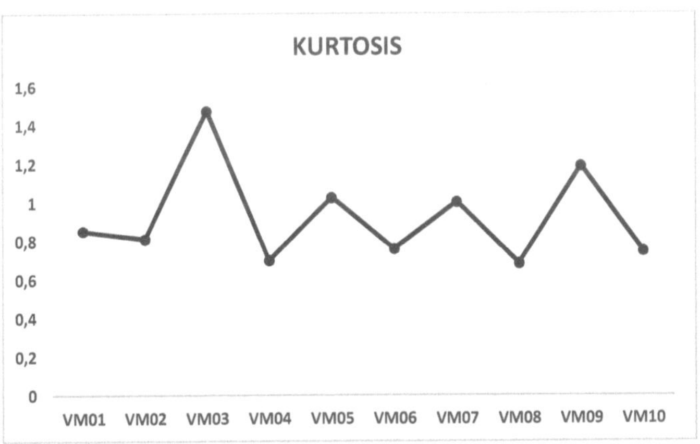

Figura:5.10 - Variações da curtose dos sedimentos

De acordo com a classificação de Folk e Ward (1970), os sedimentos do rio variam de areia ligeiramente cascalhenta a areia cascalhenta lamacenta. Uma diminuição gradual da granulometria ao longo da direção a jusante é uma caraterística proeminente observada no presente estudo, devido principalmente ao mecanismo de transporte diferencial do rio, que é regido pela variação da descarga média, pela velocidade da água e pela variação sazonal (Mohan 1990). A variação granulométrica no rio Vamanapuram pode ser explicada pelo seguinte processo: os grãos maiores rolam mais depressa e mais longe num ângulo longo do declive do que as partículas mais pequenas e estas últimas serão lançadas mais longe no meio de transporte, o que dá origem a um processo de triagem diferencial e resulta numa distribuição polimodal dos grãos (Brush 1965; Taira e Scholle 1979). O tamanho médio dos grãos dos sedimentos é maior a montante, o que é proibido pela velocidade do rio. A condição da corrente a montante é comparativamente mais rápida devido à topografia, pelo que são transportados materiais de grandes dimensões. À medida que a distância aumenta, juntamente com a redução da velocidade, a granulometria do material transportado torna-se menor. Além disso, a extração de areia e as barragens de retenção construídas ao longo do rio em muitos locais para recarga das águas subterrâneas no Chiranyinkezhu Thaluk também restringem a velocidade da água, provocando a deposição abrupta de sedimentos.

CAPÍTULO - VI
RESUMO E CONCLUSÃO

Este estudo fornece uma compreensão abrangente da qualidade da água e das características texturais dos sedimentos do núcleo do rio Vamanapuram. Foi recolhido um total de 10 amostras de água do rio e analisadas quanto aos parâmetros físico-químicos e bacteriológicos. Os parâmetros físico-químicos do rio estavam dentro dos limites aceitáveis do BIS para a água potável, exceto a amostra colhida na costa de Anchuthengu. A análise bacteriológica do rio indicou claramente a contaminação microbiana em todas as amostras de água. A maioria das amostras de águas superficiais estava contaminada com coliformes fecais.

A classificação do rio com base na melhor utilização designada prescrita pelo Central Pollution Control Board (CPCB) mostrou que a maioria das amostras de águas superficiais de Vamanapuram só pode ser utilizada como fonte de água potável após tratamento e desinfeção convencionais. Foram analisados diferentes parâmetros físico-químicos das amostras de água e comparados com as normas BIS, tendo-se verificado que a água é adequada para fins de consumo e segura para utilização agrícola após tratamento adequado na zona, exceto ao longo das regiões costeiras. A concentração de todos os parâmetros químicos aumenta das zonas interiores para as zonas costeiras. Algumas zonas ribeirinhas estão contaminadas por numerosos poluentes e micróbios. Para reduzir esta situação, as pessoas devem abster-se de deitar o lixo doméstico nos rios. Iniciar programas de controlo eficazes para determinar as causas da poluição da água.

Os sedimentos do rio são caracterizados por uma grande quantidade de seixos nos troços superiores do rio e por uma grande quantidade de grânulos ao longo do seu curso. À medida que o rio entra no estuário, o tamanho do grão varia de areia grossa a areia fina. De acordo com a classificação de Folk e Ward (1970), os sedimentos do rio variam de areia ligeiramente cascalhenta a areia cascalhenta lamacenta. Os sedimentos do rio apresentam areia grossa a areia fina, moderadamente ordenados a mal ordenados, muito finos, enviesados a quase simétricos e platicúrticos a leptocúrticos.

No presente estudo, uma descoberta significativa foi a redução gradual do tamanho do grão ao longo da direção a jusante. Esta constatação é principalmente atribuível ao mecanismo de transporte diferencial do rio, que é controlado por variações na descarga média, velocidade da água e variação sazonal. Devido à velocidade do rio, o tamanho médio dos grãos dos sedimentos é maior a montante. Devido à velocidade do rio, a granulometria média dos sedimentos é maior a montante. Devido à topografia, a corrente é relativamente mais rápida a

51

montante, o que permite o transporte de materiais de grandes dimensões. À medida que a distância e a velocidade aumentam em simultâneo, a granulometria da substância transportada diminui.

Agradecimentos

Os autores agradecem ao Diretor Executivo da CWRDM por ter permitido a realização da investigação. Também ao Diretor e ao Chefe do Departamento de Geologia da Universidade, pelo constante encorajamento e ajuda

Referências

1.   Angusamy, N., Rajamanickam, V.G., (2006) Depositional environment of sediment along southern coast of Tamil Nadu, India. Oceanologia, v. 48(1), pp 87 - 102.

2.   APHA, Standard methods for the examination of water and waste water.21st Edn. Associação Americana de Saúde Pública, Washington, D.C, 2000.

3.   Arun, P.R., Sreeja, R., Sreebha, S., Maya, K. e Padmalal, D. (2006) River sand mining and its impact on physical and biological environments of Kerala Rivers, southwest coast of India. ECO-chronicle v.1, No. 1. março, pp 01 - 06.

4.   Bhattacharya, R.K., Chatterjee, N.B., e Dolui, G., (2016). Caracterização do tamanho do grão da deposição de areia instream em ambiente controlado no rio Kangsabati, Bengala Ocidental. Model. Terra. Syst. Environ. v(2), pp 118.

5.   Binu.K.S. (2008) Monitorização da qualidade da água de massas de água seleccionadas de Chirayinkeezhu Grama Panchayat. Tese de doutoramento, Universidade de Kerala, Índia.

6.   BIS. 1991. Especificações para água potável, IS: 1 0500: 1991. Bureau of Indian Standards. Nova Deli.

7.   Central Pollution Control Board (CPCB) (2009) Status of Water Supply, Waste water generation and treatment in class- I cities and class-II towns of India, Ministério do Ambiente e das Florestas, Governo da Índia, Nova Deli.

8.   Chattopadhyay , Srikumar, L. Asa Rani, e P. V. Sangeetha. "Variações da qualidade da água ligadas ao padrão de utilização do solo: um estudo de caso na bacia do rio Chalakudy, Kerala". *Current Science* (2005): 2163-2169.

9.   Di Steffano, C., e Ferro, V., 2002, "Brazossungai bar: a case study in the significance of grain size parameters," J.sedimentary petrology, vol. 27 (1), 3- 26.

10.   Folk, R. L. e Ward, W. C. (1957) Brazos River bar: A study in the significance of grain size parameters, Journal Sedimentary Petrology. 27: 3-26.

11.   Fralick, P.W., e Kronberg, B.I., 1997, "Geochemical discrimination of clastic sedimentary rock resources", Sedimentary Geology, vol. 113, pp. 111-124.

12.   Friedman, G.M., (1961) Distinction between dune, beach and river sands from their textural characteristics. Jour. Sed. Petrol.,v. 31, pp 514-529.

13.   Guleria, J.S., Srivastava,R., Ajayakumar, B. e Satheesh, R. (2008) Late Holocene vegetation and environment of Meenachil river basin, Kottayam District, Kerala, India:

Resumo do Workshop Internacional sobre Alterações Climáticas e o seu Impacto na Flora na região do Sul da Ásia, 64p.

14.   Hariharan, G.N. (2001) Geochemistry and mineralogy of Chaliyar River sediments with special reference to the occurrence of placer gold. Tese de doutoramento da Universidade de Ciência e Tecnologia de Cochin, Índia.

15.   Harikumar, Puthenveedu Sadasivan Pillai, Radhakrishnan Deepak e Ayarkode Ramachandran Sabitha. "Avaliação da qualidade da água da bacia do rio Valapattanam em Kerala, Índia, usando macro-invertebrados como indicadores biológicos". The Open Environmental & Biological Monitoring Journal 6.1 (2014).

16.   Inman, D. L., 1952, "Measures for describing the grain size distribution of the sediments", Journal of sedimentary petrology. vol. 22, pp.125-145.

17.   Itam, A. Essien, Digha, O Nicholas, Ukot, A. Amos, Effiong, M. Peter, e Udoaka, E. Okon, 2018, "Análise granulométrica dos sedimentos e sua implicação na erosão ao longo do rio Qua Iboe/Banco do Estuário, sudeste da Nigéria", International Journal of Engineering Science Invention, vol.7(1), pp. 28-32.

18.   Jain, V., e Tandon, S. K., 2010, "Conceptual assessment of (dis)connectivity and its application to the Ganga River dispersal system", Geomorphology, 118, (3-4), 349-358.

19.   Jyothi S.N., Gevargis Muramthookil Thomas, Rohith Raj R.V., Akhil Masetti, Akhil Tammana, Manaswini Motheram, Nikhil Chowdary Gutlapalli, Avaliação do índice de qualidade da água e estudo do impacto da poluição nos rios de Kerala, Materials Today: Proceedings,Volume 43, Parte 6,2021 ,Pages 3447-3451, ISSN 2214-7853,

20.   KarunaKaradu, T., Jaganadha Rao, M., 2018, "Características granulométricas dos sedimentos da barra do estuário do rio Gosthani, Bhimunipatnam, costa leste da Índia", International Journal of. Invenção da Ciência da Engenharia, 7 (5), 39-49

21.   Krishna R. Prasad, 2019, Estudos de zonas húmidas do sistema esturino de Akathumuri - Anchuthengu - Kadinamkulam (Aak), costa sudoeste da Índia

22.   Krishna, R. P., Limisha A. T., Arun T.J., Aneesh T.D., Silpa B.L., Sreeraj, M.K. e Reji, S. (2019) Tendência de acumulação de metais pesados em sedimentos superficiais de Muthalapozhi perto da região costeira, costa SW da Índia. Revista Internacional de Investigação Científica Recente, v. 10(6), pp 1706 - 1717.

23.   Kumar, G., Ramanathan, A.L., e Rajkumar, K., 2010, "Textural characteristics of the surface sediments of a Tropical mangrove ecosystem Gulf of Kachchh, Gujarat, India", Indian Journal of Marine Science, vol. 39(3), pp.415-422.

24.   Maya, K. (2005) Studies on the nature and chemistry of sediments and water of Periyar and Chalakudy Rivers, Kerala, India. Tese de doutoramento, Universidade de Ciência e Tecnologia de Cochin, Índia.

25.   Rhoton, F.E., Emmerich, W.E., Nearing, M.A., McChesny, D.S, e Ritchie, J.E., 2011, "Sediment source identification in a semi-arid watershed at soil mapping unit scales", Catena, vol. 87, 172-181.

26.   Riyaz Ahmad Mir., e Jeelani, G.H., 2015, "Textural characteristics of sediments and weathering in the Jhelum River basin located in Kashmir valley, western Himalaya", Journal of Geological Society of India, 86, 445-458.

27.   Sahu, B.K., (1964) Depositional mechanism from the size analysis of clastic sediments. Journal of Sedimentary Petrology, v. 34 (1), pp 73 - 83.

28.   Sharath Raj B., Sujith M. S., Babu Nallusamy*, Mohammed Aslam M.A. e T.K. Lakkundi, Textural and Heavy Mineral Characteristics of Sediments from Chaliyar River and Adjoining Beypur Beach, Kerala: Implications to Sediment Dynamics and Provenance

29.   Sitaram, N. (2014). Impacto da urbanização nos parâmetros de qualidade da água - um estudo de caso do lago Ashtamudi Kollam. Revista Internacional de Investigação em Engenharia e Tecnologia, 3(6), 140-147.

30.   Soman, K. (2002) Geology of Kerala, Geological Society of India, Bangalore, Índia 336.

31.   Sreeja R., Evolution of Karamana River Basin and Its Implications On Hydrogeology (Evolução da bacia do rio Karamana e suas implicações na hidrogeologia): Uma Abordagem Geomática Utilizando Análise Morfométrica,87-99

32.   Subramanian, V., (1987). Environmental geochemistry of Indian river basins: A review. Jour. Geo/. Soc. Ind., 29: 205-220.

33.   Sukanya S. Joseph S. Avaliação da qualidade da água utilizando índices ambientais e de poluição num rio tropical, em Kerala, na costa sudoeste da Índia. Curr World Environ 2020; 15(1).

34.   Surian, N., 2002, "Downstream variation of grain size along an Alpine River: analysis of controls and processes", Geomorphology, vol. 43, pp 137-149.

35.   Tiju I. Varghese, Sedimentology And Geochemistry Of Core Sediments From The Ashtamudi Estuary And The Adjoining Coastal Plain, Central Kerala, India, 57-60

36.   Veena M. N. e Binoj Kumar, R. B. (2013) Avaliação da qualidade das águas subterrâneas para beber e para fins agrícolas na bacia do rio Vamanapuram, no sul de Kerala, Índia. Nature Environmentand Pollution Technology, v.12 (4) pp 615-620.

Buy your books fast and straightforward online - at one of world's fastest growing online book stores! Environmentally sound due to Print-on-Demand technologies.

Buy your books online at
www.morebooks.shop

Compre os seus livros mais rápido e diretamente na internet, em uma das livrarias on-line com o maior crescimento no mundo! Produção que protege o meio ambiente através das tecnologias de impressão sob demanda.

Compre os seus livros on-line em
www.morebooks.shop

Printed by Books on Demand GmbH, Norderstedt / Germany